幸福人生的七堂课

刘建中 著

南方日报出版社
NANFANG DAILY PRESS
中国·广州

图书在版编目（CIP）数据

幸福人生的七堂课 / 刘建中著. -- 广州 : 南方日报出版社, 2020.9
ISBN 978-7-5491-2168-7

Ⅰ. ①幸… Ⅱ. ①刘… Ⅲ. ①人生哲学—通俗读物Ⅳ. ①B821-49

中国版本图书馆 CIP 数据核字(2020)第 031825 号

XINGFU RENSHENG DE QI TANG KE
幸福人生的七堂课

著　　者：刘建中
出版发行：南方日报出版社
地　　址：广州市广州大道中 289 号
出 版 人：周山丹
责任编辑：刘志一　王咏琳
装帧设计：石　英
责任技编：王　兰
责任校对：裴晓倩
经　　销：全国新华书店
印　　刷：广州市尚铭印刷有限公司
开　　本：787mm×1092mm　1/16
印　　张：17
字　　数：216 千字
版　　次：2020 年 9 月第 1 版
印　　次：2020 年 9 月第 1 次印刷
定　　价：45.00 元

投稿热线：（020）87360640　　读者热线：（020）87363865

序　人生最大的成功是幸福

人的一生，从自己的哭声中开始，在别人的泪水里结束。

每个人的生命都是无法重复也不可取代的。所以，每个人都是独特的，每个人都是自己的第一责任人。人生的意义是什么？在哪里？如何让这唯一的、独特的一生创造价值、走向成功、拥抱幸福？千百年来，人们一直在探索研讨、追问沉思。

人生的意义与价值，每个人必须从自己的生活中去寻找，必须由自己独自去回答，甚至有时要用生命来回答。

人的一生，要追求成功。

中国社会有一种风气，总是希望每个人都照着同一个模式去发展，衡量每个人是否成功采用的也是一元化的标准：在学校看成绩，进入社会看名利。今天的中国，大多数人对财富的追求如饥似渴、孜孜不倦，各行各业对一个人成功与否的评判，更多的是以个人财富为指标。

成功，一是名利上的成功，社会承认了个人的价值，并赋予相应的回报，如金钱、地位、尊重、爱等等；二是人格上的成功，自己承认自己的价值，从而充满自信、充实感和幸福感。

成功是相对的。只要一直朝自己的目标努力，既不怨天尤人，也不妄自菲薄；只要尽了最大的努力，最终并不一定要完全与别人一模一样。

成功的前提，是清醒的自我认识、准确的自我定位，积极付诸行动；一个主目标可以带动一群次目标，立业与成家并不总是矛盾的，立志与修身完全可以统一。成功是一个动态的过程。天助自助者，佛度有缘人。

真正的成功是多元化的，每一个人都有属于自己的成功。

人的一生，更要追求幸福。

托尔斯泰说：人生就是追求幸福。

德国哲学家费尔巴哈说：人活着的第一要务，就是让自己幸福。

孟子说：君子有三乐……父母俱存，兄弟无故，一乐也；仰不愧于天，俯不怍于人，二乐也；得天下英才而教育之，三乐也。

毕淑敏认为：幸福是一种内心的稳定，或者说是灵魂的成就。

复旦女神教师陈果说：我自风情万种，与世无争。世界上只有两件事有价值：第一，自己好好活着；第二，帮助更多的人好好活着。

什么是幸福？谁是世界上最幸福的人？

欧洲某国在报纸上发出了“谁是世界上最幸福的人”的征文启事，成千上万的信函飞到了报社。报社组织了一个评选委员会，想看看民众对于幸福、对于谁是最幸福的人有怎样的答案。最后，按照得票的多少进行排序：

第一名：给自己的孩子洗完澡后，怀抱婴儿的妈妈。

第二名：给病人治好了病之后，目送病人远去的医生。

第三名：孩子在海滩上筑起一个沙堡，夕阳西下，这个孩子看着自己的创作成果露出自得其乐的微笑。

第四名：给自己的作品画上句号的作家。

这就说明，幸福是精神的和谐与心灵的愉悦。

无论与外物的关系如何，精神是和谐守衡的，显得健康而滋润。

无论与自我的关系如何，心灵是充实宁静的，充满喜悦和快乐。

这就是幸福。人生有无数种幸福，每一种幸福都是幸福。

生活中，总会有太多世俗的质疑、太多流行的诱惑、太多职场的暗流、太多亲友的规劝，激励人们奋发图强，勇往直前。应对人生困惑的根本策略，并无捷径可走，唯一的出路是确立自我的主体地位，博学之，审问之，慎思之，明辨之，笃行之。许多人因此而耗费最大的心力，为了心中的巨大目标全力以赴，结果弄得自己身心疲惫，留下许多遗憾。

这不是成功，更不是幸福。可以说，成功≠幸福。或者说，幸福的价值＞成功的意义。

成功侧重于物质指标，主要体现为外部评价，社会给予承认。

幸福侧重于心灵状态，主要体现为内在感受，自我获得印证。

追求成功，是为了实现内心的信念，是为了过上更加幸福美好的生活。准确参照，审慎选择，遵从内心的呼唤；既奔赴远大的目标，也享受当下的快乐，怀抱一颗敬畏、悲悯与感恩之心，人生将因此而自我超越并被赋予生命的意义与价值。

这才是人生最大的成功，一个独一无二的自我，拥有不可替代的幸福。

让人生之路与成功之路并轨同行。

让成功之路与幸福之道合二为一。

祝您成功！更祝您幸福！

目 录

第一课

认识自我

幸福人生

每个人都想改变世界，却没有人想改变自己。

——托尔斯泰

英国大作家莎士比亚有四大悲剧作品，其中的《李尔王》描述年事已高的国王想把国土分给三个女儿，口蜜腹剑的大女儿和二女儿靠赢得父王的宠信瓜分了国土，而小女儿因为不愿意阿谀奉承而一无所得。李尔王离位以后，大女儿和二女儿居然不给父亲安身之地，曾经不可一世的李尔王，只能栖居在荒郊野外度日。李尔王在极度愤怒和痛苦的时候大声呼号：

“谁能告诉我，我是谁？”

东方也有这样的故事。

武侠小说大师金庸先生的《射雕英雄传》里有一个“西毒”名叫欧阳锋，因为苦练“九阴真经”而走火入魔，最后竟然忘记了自己是谁。于是他逢人就问：“我是谁？”

黄蓉告诉他：“你是欧阳锋啊！”

他接着又问：“欧阳锋是谁？”

没有人能回答他。

一、我是谁

我是谁？这是自我认识的起点。

有一个著名的古希腊悲剧神话：

在险峻的悬崖边上，坐着一个女人头面、狮子身形的怪兽，这就是传说中的“一半是天使，一半是野兽”。

这个怪兽名字叫斯芬克斯，它不断地向来往的路人提出一个谜语：“什么东西早晨用四条腿走路，中午用两条腿走路，晚上用三条腿走路？”

如果路过的人猜不出谜底，就将被它杀死。这个谜语从来没有人能回答出来。终于有一天，有一个叫俄狄浦斯的青年路过此地，给出了正确的回答——人。在生命的早晨，人还是个孩子，必须用两条腿和两只手爬行；到了生命的中午，人只用两条腿走路；而到了生命的傍晚，因为年老体衰，只能借助于拐杖，所以被称为三条腿走路。

斯芬克斯因羞愧而坠崖死亡，化为埃及胡夫金字塔前的狮身人面像。

这个故事源于古希腊悲剧作家索福克勒斯的《俄狄浦斯王》，凸显出命运对人的操纵，通过人与命运之间的对抗来彰显人的伟大。因为，对手或敌人很伟大时，就能激发自我的巨大潜力，从而显示自己的伟大。所以才会说，“不怕神一样的对手”。

要弄明白“我是谁”，必须以对人类的整体认识为背景。人类是自然属性和社会属性相结合的动物，创造了复杂的社会结构；尤其擅长用口头、手势和书面语言来表达自我、沟通情感、交换意见。人类个体之间的交际创立了广泛的传统、习俗、价值观与法律体系，这一切，共同构成了人类族群社会的基础。人类的祖先试图用哲学、艺术、神话和宗教来解释自然现象，由此便创造了语言、艺术与科学。

俄狄浦斯的答案，只是回答了人的一生在外形上的某种变化，并未涉及人的内在本质。下面的故事也是只看表象，但更加令人啼笑皆非：

朝廷的一个差役接受命令，押解一个犯罪的和尚到边疆去充军。一路上，犯罪的和尚心里一直盘算着要找个机会逃跑。

和尚把差役奉承得乐呵呵的，差役渐渐地就对和尚放松了警惕。眼看天快黑了，两人到客栈投宿。差役身上带的银子不多，和尚见机会来了，就给差役使了一个眼色，告诉他自己的内衣口袋里还藏着一些银子。差役一时高兴，就用那些银子买了酒菜，又给和尚松了绑，二人对饮起来。

不一会儿，和尚把差役灌得烂醉如泥。趁着差役人事不省，和尚找来一把剃头刀，把差役的头发剃光，然后把自己的衣服脱下来给差役穿上，而自己却穿着差役的衣服逃跑了。

第二天差役酒醒之后，发现和尚不见了，于是四处寻找，结果自然是连个人影也没有见到。差役深知罪犯逃跑的严重后果，心里非常着急。他越想越怕，急得如热锅上的蚂蚁。

正在不知如何是好的时候，他突然从一面大镜子里看到了自己的光头和一身和尚服。差役拍了拍光秃秃的脑袋，恍然大悟道："谢天谢地！原来和尚还在这里。"但是，他马上又犯愁了：

"和尚在这里，那我到哪里去了？"

弄不清楚"我到哪里去了"的原因，是没有弄明白"我是谁"。

不管用什么样的哲学思维回答"我是谁"，对于我们每个人，如果能遵从内心深处觉悟到的"我要成为什么样的人""我要实现什么样的人生目标”“我要怎样度过这一生”，这就是认识“小我”、实现“小我”的开始。

古希腊悲剧都是在露天的广场上公开演出的。演出过程中，所有观众的心中都在喊：“不要这样！为什么会这样？不可以这样做！”但是，一点用处也没有。因为对希腊人而言，没有人可以改变命运的安排。所以观众在欣赏这样的戏剧后，心中会弥漫着莫名的怜悯与恐惧；然后，再回到生活中和别人相处时，能够引起情感的共鸣。换一句话说，古希腊悲剧会让我们突然发现，人类事实上是命运共同体，因此在面对共同的命运时，反而可以放弃成见与前嫌，重新开始互相关怀。

经过古希腊悲剧的洗礼，西方人开始养成一个重要的观念：无论任何事情，主观上的希望是一回事，但客观上会如何则是另外一回事。经过这种长期的社会教化，人们发现自己所要对抗的真正敌人，是自我的命运。因此，就必须激发和展现人的完整的、顽强的生命力。

人，处于兽与神之间。兽是动物，神是人类造出来的，不受自然规律的限制，而且高于自然规律。古人用神来解释理解不了的自然现象，也说明人的本性中还有很多阴暗面与劣根性，所以还有很多可以向上发展的空间。

既然以人的形象和身份来到这个世界，就要避免坠入兽的本能生存境地，而要不断地趋向于神性的即完美的境界；就要彰显人的尊严和价值，活出自我的独特性。

人生是唯一的，也是不可逆转的。

如果想将人生的唯一性转化为自我的独特性，就没有人比自己更应该对自我的人生承担责任。我们既是自我人生的导演，更是主演；既是运动员，也是裁判员。这就意味着，要奋发有为，要严谨自律，要勇于担当。所以，每个人都是自己的第一责任人和监护人。

有一位女性，出身农村，初中文凭，1993年18岁时离开四川资阳老家，来到广西北海做餐厅服务生。她信奉："人生不应该受限。我一直在学习进步，去做自己想做的、有兴趣做的事情。"

于是，她成了第一位登顶海拔8156米马纳斯鲁峰的中国女性，第一位登顶8516米洛子峰的中国女性，第一位3次登顶珠穆朗玛峰的中国女性……此后的几年间，她9次成功登顶7座8000米以上雪山。2014年，她创下了143天完成地球九极"7+2"（七大洲最高峰+徒步南北极点）探险项目的最快世界纪录。她说："登山往往要面临生死考验，在生死面前，一切困难都显得微不足道。每一次极限挑战，出发前只想着完成挑战。最后成功登顶归来，回到平地，依旧保持着一颗平常心，这是我最大的收获。"

她叫王静，是上市公司董事长，也是哥伦比亚大学访问学者。

在利益上为自己而活，是个人主义与利己主义；像王静女士这样在境界上为自己而活，是理想主义与英雄主义。树立适宜的生活目标，明晰有效的人生资源，履行正当的社会职责，体察美妙的最高境界，就是在勇敢地担当自我的人生，就有可能将人生的唯一性转化为自我的独特性。

生命的本质就是变化与成长，就是要生命不息，奋斗不止。

存在主义哲学认为，人不是"已做成"之物，而是不断在"造就"自己。许多人形成固定的生活模式之后，就此安顿下来。一旦接受成了习惯，本质上就是虚浮的，因为这等于这个人从固定的那一刻起就只是在重复过去，也就是从此不再认真考虑要成为什么样的人，放弃了作为一个"人"的天职。

用孔子的话说："饱食终日，无所用心，难矣哉！"又说："群居终日，言不及义，好行小慧，难矣哉！"孔子是一位伟大的教育家，在他的心目中没有什么人不可以教诲，唯独对于这两种人便只有摇头叹气地说道："难！难！"可见其他人生毛病都有药可医，唯有不知道自己想干什么、不再拥有内生动力的人，即使大圣人遇到他也没有办法。

生命具有或然性，是指随机的或没有规律的可能性。人生的或然性，是指没有任何人、任何组织可以规定某个人的人生只能是某种样子；也是指，只要勇于自我超越，只要释放生命潜能，人生还具有多种多样的可能性。

我们时时刻刻置身其中的日常生活与社会现实，是怎么来的？是必然如此的吗？是有可能被替换的吗？我们还能有别的活法吗？我们现在所处的位置，是完全自主选择和确定的吗？已经达到了最佳状态吗？还有可能进行改变和调整吗？假设人生可以重来，又该如何去改变、怎样来调整呢？

英特尔创始人戈登·摩尔提出了一个假设：集成电路上可容纳的元器件的数目，大约每隔18至24个月会增加一倍，性能也将提升一倍。几十年来，这个定律一直引领着IT行业的发展，比如一个SD卡在2005年的容量是128M，十年后尺寸没有变，但容量增长了1023倍，是128G。这就是摩尔定律。

摩尔定律形象地说明了生命的动态过程，也能指导人生的成长。一个摩尔周期大约两年，现在，新信息和新知识更新换代的速度，也大约是两年。我们必须要有开放心态，坚持学习、自我迭代，才能跟得上时代的脚步。

人生是一个不断深入的过程。

在遭遇挫折和消解苦难的时候，激发生命的潜能；在满足兴趣和实现目标以后，享受成功的喜悦。两个不同方向的组合，即是自我实现。即便在某一时刻、某种境界自我实现了，生命在流动，希望仍会有，又可以设立新的目标，再次出发。如此，人生就会生生不息，逐渐深入。

人生也是一个不断上升的趋势。

生命是一个开放的体系和不懈的过程，每一个阶段都有其奋斗的主题，每一种身份都需要履行不同的职责，我们还可以摆脱环境和时代的局限，朝向信仰、目标和心灵的深处，具有无限提高的价值空间和境界层次。即使身体被约束，目光仍然可以穿越千山万水，理性仍然可以贯通中外古今。就是说，在每一个特定的站台与时刻，你仍是一个正在形成中的你。

二、认识自我

认识自我是人生规划的起点。

有人问古希腊七贤之一的思想家泰勒斯："何事最难为？"

泰勒斯回答："认识你自己。"

"认识你自己"是刻在希腊圣城德尔斐神殿上的著名箴言。德尔斐神殿供奉的是阿波罗神，而阿波罗神是希腊神话中的太阳神，代表着光明、理性和各种安顿的力量。因此对很多人而言，这是追寻人生谜底的地方。

德国哲学家尼采在专著《道德的谱系》前言中，针对"认识你自己"说："我们无可避免地跟自己保持陌生，我们不明白自己，我们搞不清楚自己，我们的永恒判词是：离每个人最远的，就是他自己。对于我们自己，我们不是知者……"

为什么认识自己"最难为"？

为什么“跟自己保持陌生”无可避免？

公元前399年春夏之交，年已70的古希腊哲学家苏格拉底，受人诬告接受雅典法庭的审判。他冷静地说：“我每天讨论道德问题，省察自己和别人，原是于人最有益的事情。可是，一天之内就被判决死刑，时间太短，我已无法让你们相信一个真理了，这个真理就是‘未经省察的人生没有价值’。”

在苏格拉底看来，知道自己的无知，是爱智慧的起点。他经常向人说：让一个人学习做鞋匠、木匠、铁匠，人们都知道去哪里学习；让一个人学习过正当的生活，人们却不知道该往哪里去了。平时，人们总在为伺候肉体而活着。因此，必须向人们大喝一声，让他们知道自己对最重要的事情其实一无所知，那就是关心自己的灵魂。

最后，苏格拉底被以侮辱雅典神和腐蚀雅典青年思想之罪名判处死刑。虽然曾经有逃亡的机会，但是苏格拉底仍选择饮下毒药——他认为逃亡只会进一步破坏雅典法律的权威。法庭宣判的时刻，苏格拉底用一句无比平静的话结束：“分手的时候到了，我去死，你们去活，谁的去路好，唯有神知道。”

他要用自己的死，给雅典青年们上完最后一堂人生课。

为什么“未经省察的人生没有价值”？

人生又该怎样去“省察”？

现实生活中，人们为了更准确和进一步“认识自我”，越来越流行测试自己的星座、血型、手相之类的，不论是否有依据、有多少依据，至少很难回答两个问题：人生是永远固定不变的吗？茫茫人海就只有这几种类型吗？所以这些测试仍然没有涉及独特自我与普遍人性的本质。

自我认识也可以借助于专业的心理测验，比如能力测验（如绘画、音乐、手工技巧等）、人格测验（如性格、气质、兴趣、态度等）、职业咨询测验等，它们能够给予人们相应的指导，在实际生活中也得到了越来越广泛的应用。要注意的是，人是不断成长和变化的，心理测验仅仅提供个人在测验时间点的状态，只能提供一定的参考，绝不能当成“固定的和终生的标签”。

更重要的是，正如苏格拉底所主张的，“认识你自己”就是认识你的灵魂，因为“你自己”并不是你的肉体，而是你的灵魂；灵魂才是你身上神圣的东西，是使你成为你自己的标志。所以，自我认识和人生的意义不能向身外探求，只能向内心寻找。

自我认识看似简单，其实是一个非常哲学的问题。

真正的自我省察，首先需要回答以下两个问题。

我从哪里来

人的生命不只属于自己，自我认识与自我规划，总是会与生命中最重要的人紧密相连。下面的简单测试，体现了这种关联性的重要价值：

给你5分钟的时间，请写下你生命中最重要的20个人的名字。可以肯定的是，每个人都会不假思索地写出前十几个人，必定包含了父母、子女、爱人，以及祖父母、外祖父母、最尊敬的老师、最亲密的朋友等等。难就难在最后几个名额的取舍，是儿时的玩伴，是初恋的情人，是同仁，还是文学、影视作品中的主人公或者崇拜的偶像？

20个名字都写好了吗？很好！

现在，请你划掉不太重要的10个名字。

然后，请你划掉5个名字。再划掉3个。

再划掉一个。

最后，只准剩下一个名字！

许多人会想，这是人能够玩的游戏吗？

游戏开始前兴致勃勃的人，往往玩到一半就拒绝继续参加，或者陷入长久的沉思，或者早已泪流满面。在我们的一生中，有哪些人最为重要？于是，从父母、配偶、子女、兄弟姐妹，再到朋友、同学、同事等，就可以列出来一张表。家和万事兴，有些关系以天生的血缘为基础，恒在而稳定，使我们没有后顾之忧，可以专心向外建立新的关系，获得人世间的各种成就。

我们置身于时代、环境和家庭中，这是一张复杂的关系网，我们的性格、气质、命运以及个人的选择、职责等，早就已经被这张网打上了深刻的烙印。只有先认清“我从哪里来”，才可以确定或调整“我将往哪里去”，否则就有可能与这张关系网产生严重的割裂。

自我认识需要运用资源导向式思维：从自己现有的资源出发，按照自己的能力和资源可以发挥的作用，正向推进，稳扎稳打，步步为营。眼睛只盯住自己的篮子，篮子里面的才是自己的菜，篮子外面的都是别人的，君子爱财，取之有道。换一种通俗的说法，这种模式叫：有多少钱办多少事，没有那个金刚钻，不揽这个瓷器活。

所以，在自我认识时我们应该明白，我们的血脉和使命中，早就已经被植入了“应有之义”和“赋予之义”：

应有之义：时代和民族规定的共同使命。不同时代会形成相应的时代精神和发展主题，每个民族都拥有各自的文化内涵与群体人格，生活在这个时代和民族的人，都必须共同领受，将它们转化为每个人的坚定信念与意志行为。

比如，抗日战争爆发后，全体中华儿女都必须联合起来，一致反击日本帝国主义的侵略。又比如“中国梦”提出以后，因为这是既体现今天中国人的理想又凝聚几代中国人夙愿的梦，这是实现国家富强、民族振兴、人民幸福的梦，这是科学发展、互利共赢、可以持续的梦；所以，需要代代传承，不懈奋斗，需要我们每个人积极投身，形成合力。

每一个时代和民族的英雄群体，都是履行“应有之义”的典范；广大的民众因此而深受感染和鼓舞，这些英雄成为民众争相仿效的榜样。

接受并完成好这样的天赋使命，是信仰、文化层面的人生价值。

赋予之义：家庭和组织赋予的基本职责。每个人都有原生家庭和工作单位，成家之后又组成了自己的小家庭，许多人还参加了各种团体或协会，每一个身份都需要担当不同的职责。

比如，原生家庭望子成龙、望女成凤，从小给子女一种独特的家庭教育与人生规划；组建了小家庭，丈夫应该让妻子有安全感和满足感，妻子应该让丈夫有归属感和成就感，双方共同创造和拥有幸福感。置身于职场和团体，在不同的岗位都要履行该岗位的特定职责，比如今天的中国，官员要勤政为民，军人要强军护国，医生要救死扶伤，警察要公正履职，知识分子须科学强国，企业家要实业报国，等等，履行好了才能领到相应的酬劳。一时不能胜任身份职责，是能力问题，尽快提高和改善就好；放弃或拒绝履行岗位职责，是态度问题，需要重新确认自我身份，进行深刻的反省和改变。

人们每天都与家庭和组织发生关联，所以这是生活层面的人生价值。

认清来路，是珍惜已拥有的，可以乐在其中。

我将往哪里去

有生之物，必有命定的条件。

在人身上，这些前置的条件叫作命运。比如，生在什么家庭，长在什么环境，处于什么时代，都是身不由己、无可奈何的，这些被称为命运。

命运意味着，有许多人生际遇，我们不能够自主选择。

使命是，要对自己负责任，可以选择也必须选择自己的人生目标。

生命具有伟大的潜能与无限的可能，人不能选择自己的生存条件，却可以选择自己的主动态度。强化使命，必然改变命运：虽然身不由己（命运），依然心有所属（使命）。

可是，并不是每一个人都有这样的认识。

请看丹麦哲学家、诗人克尔凯郭尔的比喻：人生就好像一个喝醉了酒的农夫驾着马车回家，表面上看是农夫驾着马车自己回到了家，而事实上却是老马拖着农夫回的家，农夫根本就没有清醒的意识。

克尔凯郭尔又指出，人生有三种绝望：不知道有自我、不愿意有自我和不能够有自我。

“不知道有自我”是指，一个人在世界上生存或奋斗了许久，却不知道自己在追求什么。有追求代表有欲望，有欲望代表一个人愿意激发内在的潜能，朝着目标去奋斗。然而，许多人根本不知道自己要追求什么，也不知道追求什么才能得到真正的幸福，这是由于“不知道有自我”。

“不愿意有自我”是指，有些人发现自我以后，却不愿意有自我，因为要独自面对自己是一件很不容易的事，尤其是在面对人性的阴暗面时；有了自我就意味着，人必须开始为自己负责任，而为自己负责任的压力非常沉重，又非常烦琐。一个人不愿意成为自我，又能成为谁呢？真是很无语。

“不能够有自我”更让人绝望，假设一个人愿意成为自我，努力做一个真诚的、有责任心的人，最后却发现不能够成为自我，或者能力还不够强大，或者条件还不完全具备，又或者环境不允许，还必须走很长很长的路来实现自我，因此会感到非常绝望。

人活在世界上，最重要的不是为活着而活着，而是要深入了解：自己为什么活着——人如果不知道自己为什么活着，就算生活得很好，也是没有意义的，因为他连活下去的理由都没有。

中国古代的智慧，早就有了明确的回答：“天将降大任于斯人也，必先苦其心志，劳其筋骨，饿其体肤，空乏其身，行拂乱其所为，所以动心忍性，增益其所不能。”（《孟子》）“天行健，君子以自强不息。”“地势坤，君子以厚德载物。”（《周易》）

这就是我们使命中的“**自设之义**”：自己根据兴趣作出的理性选择。比如，爱迪生喜欢发明创新；普京在当好国家元首的同时，钓鱼、打猎、开飞机、弹钢琴，一样都不少；曹雪芹以坚韧不拔的毅力，历经十年创作《红楼梦》。如今，千百万人都选择了自己喜爱的业余身份：驴友、义工、志愿者、自媒体运营者、网店老板或慈善家……萝卜青菜，各有所爱，满足自己的兴趣，是心灵层面的人生价值。

人，最终必须独自面对自己，坚持走自己的路。

探明去路，是争取我所要的，积蓄前行的动力。

三、人生没有彩排

生命是不可逆的。

古希腊哲学家赫拉克利特说：“人不能两次踏进同一条河流。”因为，当人第二次踏入一条河流时，是新的河水在流淌。在赫拉克利特看来，“一切皆流，无物常驻”，宇宙万物没有什么是绝对静止和不变化的，一切都在运动和变化之中。

对于生命的感悟，悲观者如法国大作家雨果：“我们都是罪人；我们都被判了死刑，但是都有一个不定期的缓刑期；我们只有一个短暂的期间，然后我们所待的这块地方就不再会有我们了。”乐观者如爱因斯坦：“苦和甜来自外界，坚强则来自内心，来自一个人的自我努力。”

生命的不可逆性，意味着生命的唯一性和至高无上的价值。可逆就说明还可以有第二次、第三次甚至无数次；因此，第一次的价值就会直线贬值。正如网络上流行的说法：人生没有彩排，每天都是直播。

生命的不可逆性和唯一性，对任何人都是公平的。上至帝王将相，下至平民百姓，位高权重者、富可敌国者或貌若天仙者，在生命的唯一性面前，最终所有人都会获得公正、公平的待遇。

人生没有彩排，须学会立体参照

我们从小接受父母的教导、家庭的熏陶、师长的指引，父母怎么说，老师怎么教，我们就乖乖照着做。等到自己熬成了大人，发现生活中到处都是条条框框，于是逐渐习惯过着“被动”的日子。

如果想消除被动人生的缺点，就必须把“应该”转化为“愿意”，人生将由此全面改观；如果想减轻自怜的程度，最好放眼四顾，看看身边不幸的人；如果想蒸干自傲的水分，则可以阅读经典著作、回放圣人心迹——总之是，树立一个适当的参照系统，经过比较就会发现：也许生活的内容还会照旧，但是心灵已变得自由；自己既没有想象中悲惨，也不见得有多么伟大。

台湾哲学家傅佩荣指出：人活在世界上只能看到事实，而事实不一定有道理。书本能够提供道理来解释事实，所以一个人越能了解书本上的道理，就越能接受生活中遭遇的一切。

古罗马政治家、哲学家塞涅卡说：“如果一个人不知道他要驶向哪个码头，那么任何风都不会是顺风。”如果缺少了参照和比较，人生就会像徐志摩自我描述的罗曼史一样：“我不知道风，是在哪一个方向吹——我是在梦中。”

人生应该在不懈的学习、对照和思悟中，确立清晰、正当的自我意识，借助于一个适合自己的人生参照系统，尽力挣脱与生俱来的价值限定和选择障碍，成就自我更不断超越自我，让唯一的人生不留遗憾和悔恨。

比上不足，比下有余，与前人和他人、与偶像和圣贤，也与自己的过去反复比较，“比学赶帮”，“比”即是参照。参照系统的作用是：彰显差距、辨明方向、确立定位、扬弃教训。

气魄大方可成其大，起点高才能至其高。人生从一开始就心怀远大的目标，意味着知道目的地在哪里，以及自己目前在哪里，清楚差距就可以急起直追。孟子说：“先立乎其大者，则其小者弗能夺也。”司马迁在《史记·孔子世家》中写道：“《诗》有之：‘高山仰止，景行行止。’虽不能至，然心向往之。”在选择人生参照系统的时候，我们当清醒地认识到，近朱者赤，近墨者黑；我们当深刻地了解到，良师指引方向，诤友修正瑕疵，圣人引渡人生。

人生没有彩排，应坚持主动选择

2003年暑假，还在读研的小龙女为了创办世纪佳缘婚恋网站，向一个名叫渔夫的网民借款8万元。渔夫说，你告诉我银行账号。第二天，果真有8万元汇到了小龙女的账户。

后来，渔夫就把这个事儿给忘了。

到了2011年5月11号，世纪佳缘上市敲钟。小龙女想尽办法提前找到了渔夫，她对渔夫说："我现在通知你，我经营的公司即将在美国纳斯达克成为中国婚恋网第一股上市，我邀请你作为敲钟的嘉宾，顺便还给你当年借给我的8万元。按照IPO（首次公开募股）的价钱计算，你借给我的钱已经成长了1000倍，变成了8000万元。"

此前在寻找和洽谈投资的时候，正是因为小龙女坚持把渔夫的借款变成原始股，"如果没有当年的8万元，我就不会有今天"，她才彻底打动了天使投资人王强和徐小平（电影《中国合伙人》的两个原型），让他们认为非投她不可！王强和徐小平说：哪怕小龙女投资失败了，她再想创业的时候，所有的投资人都会在第一时间，甚至在梦中答应给她投资的。因为，她拥有了存储良知、诚信和人格的人生信用卡，具备了作为引领者的基因。

这是一个皆大欢喜的多赢选择。

每个人都很忙碌，却并不见得有意义。选择才呈现价值，比较才能区分价值的大小。被动接受与主动选择，"已习惯"与"我喜欢"，其意义与价值的差别，已经不是同一数量级。

许多人喜欢询问或思考人生有什么意义，然而，人生的意义既不可能已经存在于某个地方，也不会固定地依附在某件事情上。人生的意义是一个人所有选择的集合，在此过程中获得自我肯定与自我实现；就是说，通过各种选择最终成为“想要成为的自己”。

相反，如果一个人从来不作抉择，就根本没有本质可言；因为他的一切都是由别人安排的，他只是在一味地被动接受。

我们应该意识到，选择与被选择是同一件事物的两面：选择什么，同时就被什么选择了。拒绝或者放弃选择，依然是一种选择。无论是出于被动还是拥有自由选择，总之是，个人所有选择的集合，就组成了自我的生活内容与心灵感受。

选择了A，很可能要放弃B；只要最后成了A、拥有了A，生命就富有独特的魅力和意义。魏晋时代的哲学家王弼只活了23岁，但是后世所有研究老子的人，都需要拜读他的《老子注》。法国哲学家兼数学家帕斯卡尔也只活了39岁，如今多少人仍然在研究他的理论、受益于他的思想。

正是在这个意义上，我们说生命与生命之间的区别，因为先有了各自不同的选择，所以既在于广度和长度，更在于密度和深度。

一句话，选择所爱的，爱所选择的。

人生没有彩排，要自己精彩主演

著名女作家毕淑敏在一所高校演讲，接到了一张由台下传来的小纸条：请您对人生有何意义给予确定的回答，我需要您内心深处真实的想法。

毕淑敏不由一愣，如何来回答这个宽泛且沉重的问题呢？全场观众为之瞩目。不一会儿，只见作家微笑而又不失凝重地回答：“人生本来没有意义，但我们要努力给人生加一个意义。这就是我对人生意义的真实回答。”

话音刚落，台下响起雷鸣般的掌声。

史学家钱穆为一群士兵演讲。他说，一个士兵站岗时，如果全神贯注、尽忠职守，连上将来做也无法做得比他更好，那他就是“小兵的圣人”，也是“圣人的小兵”。钱先生的意思是：一个人的现实角色（命运）是小兵，他的努力目标（使命）却依然可以是圣人。

遇到困难就止步不前的人，生命只能留在谷底；稍有小成就要享受的人，境界也不可能很高；唯有一直努力奋发上进的人，才无愧于人生的丰富潜能，也才能预期精彩而又幸福的一生。

一个人“有”的越多，就越不“是”他自己；因为一个人拥有的越多，会越没有时间做自己。就是说，你所“有”的越多，你所“是”的就越少。为了担当自我人生的主角，人们会树立明确的目标、提炼科学的方法、强化执行的力度、修养自我的心灵，也会珍惜时间、懂得取舍。

生命现象本身就是一个奇迹，身处这个充满惊奇的世界之中，有时候可能会觉得，自己与别人相比没有任何特别之处。但是，如果回头看看过去，就会发现自己的生命从出生到现在，已历经各种精彩的转变与提升，现在的自我可以深入思考、可以作出合理的推论、与别人有丰富的情感交流、对外在世界有了独特的欣赏角度、对自我人生有了长远的期许与系统性规划……这一切，不是一件很值得庆贺的事吗？

更重要的是，在未来的日子里，我们还可以选择一个目标去奋斗、选择一种理想去坚守，然后，以有限的生命展现出无穷的力量与可能性。就这样，没有彩排的人生，照样能活得精彩纷呈。

四、把唯一的人生活好

生命是脆弱的，同时又是顽强的。

正如帕斯卡尔所说：“人只不过是一根芦苇，是自然界最脆弱的东西，但他是一根能思想的芦苇。一口气、一滴水就足以致他死命了，然而，纵使宇宙毁灭了他，人却仍然要比致他于死命的东西高贵得多，因为他知道自己要死亡，以及宇宙对他所具有的优势，而宇宙对此却是一无所知。因而，我们全部的尊严就在于思想。”

2008年汶川大地震中有一位17岁的中学生薛枭，被困80小时被救出后的第一句话竟然是：“叔叔，我要喝可乐，要冰冻的。”电视直播将这句话传遍了当时悲情笼罩的中国，人们称之为“可乐男孩”。

因为父母不在身边，薛枭自己在截肢手术同意书上按手印。后来，薛枭以全国抗震救灾少年英雄的身份，受美国政府邀请赴纽约、费城和华盛顿参观，最后被免试保送到大学就读。

生命是短暂的，又可以是无限的。

人类有明确记载、有据可查的最高寿命纪录，也不过一百余岁几万个昼夜。即使随着科学和医学的不断发展，未来有可能活到两百岁，但相对于数百亿年的宇宙时间，仍然只是一刹那。

生命的无限性是指生命的境界可以无限提升，人的生命价值可以在历史长河中长久发光。正如司马迁在写给朋友任安的一封回信（《报任安书》）中指出：“人固有一死，或重于泰山，或轻于鸿毛，用之所趋异也。”就是说，泰山与鸿毛之别，是因为人们所追求的东西不同。在信中，司马迁列举了一长串“重于泰山”的人名与事迹：

孔子受困窘而作《春秋》；屈原被放逐，才写了《离骚》；左丘明失去视力，才有《国语》；孙膑被截去膝盖骨，《兵法》才撰写出来；韩非被囚禁在秦国，写出了《说难》与《孤愤》……

这是前人的选择和他们的生命意义。对于我们自己，人生的意义，可以说是应有之义、赋予之义和自设之义三种价值的集合。每个人，都应该以一生去各自作答并精彩呈现。

以一生为背景

以一生为背景去直面人生，将生老病死、喜怒哀乐、柴米油盐、悲欢离合的过程和内容，全部纳入视野，对一生的时间长度、心性广度和幸福程度，提前给予整体性、根本性和动态性的综合考虑、系统评估。拥有了人生的全局与战略眼光，就能先处理好心情，再处理好事情；就可以做到事前想得清、事后不折腾，始终不让行进的方向偏离原初的轨道。

以一生为背景去直面人生，我们就会明白，来到这纷繁的人世就是一种骄傲的资本，就足让我们满怀感恩。生活的环境，成长的苦乐，心迹的历程，既是滋补自我的养分，也是必须先尊重再超越的前提。无论是“应有之义”“赋予之义”还是“自设之义”，都是努力的方向和奋斗的目标。以宏阔背景、庄严使命和最高境界引领自我的未来，格局将更大气，个性将更独特，精神将更和谐，体验将更丰富。

以一生为背景去直面人生，我们就会懂得，任何冲突都会有隐秘的和谐，任何孤苦都会有同类的呼应，任何差异都会有利用的价值。圣人求心不求佛，智者调身更养心。人生不应为身外之物与题外之义烦心困扰，而是要直达情感的充盈浓郁、内心的平安喜乐、人生的幸福圆满。

遵从内心的呼唤

湖南安化县高明村单身母亲罗瑛的儿子在大连上大学，不幸因为车祸而身亡。亲戚们要陪同罗瑛去大连，她想了半天后拒绝了。她怕人一多，她的心就乱了。肇事方大连公交集团让她坐飞机，罗瑛觉得能省就省吧，坐了两天一夜的车才来到大连。就是这个普普通通的农妇，强忍悲痛和泪水，只提出了两个要求：第一在肇事司机家里吃顿饭，“家里有啥就吃啥”。第二请学校派一个和儿子关系最好的同学，“领着我和背包里的骨灰盒，把大连好玩的、儿子没有去过的地方转一转”。

最后，罗瑛拒绝了学校的各种照顾，放弃了公交集团的巨额赔偿，临走还给肇事的司机小付留下了一个治疗失眠的偏方，只带走了儿子的骨灰。

学校和公交集团上上下下全都震惊了！

不久，公交集团出资购买了整整两卡车大米、面和食用油，16人的队伍向高明村进发。时到今日，那场车祸已经过去5年了；但是，依然有络绎不绝的、与车祸事故相干和不相干的大连人来到高明村，看望年岁渐长的罗瑛，投资修路，建设新的校舍……

这位母亲遵从自己的内心，让一个悲剧发出灿烂的人性光芒。

现实生活中，人们很容易养成固定的习惯，因为这才是让人觉得稳定、安全的熟悉轨迹与场景。但是，习惯也可能让人封闭在一定的范围里，不敢轻易离开或改变。事实上，有时候另辟生活蹊径、尝试着在别的领域和频道上探索一二，反而能欣赏到不一样的风光。

钱伟长英文成绩0分，物理成绩5分，但他以国文和历史满分的成绩，考入了清华大学历史系。当看到中国因为没有飞机，被日军打得节节败退时，他毅然选择为救国而换专业，去学习制造飞机大炮！之前毫无物理基础的他，以弱搏强，发奋苦读，在短短4年里，就完成了一般人8年才能完成的学业，终于成为一代物理学大师和教育大家，实现了科技报国之志。

2017年，周润发作出了一个令许多人惊讶的决定：将自己的56亿元财产全部捐献给社会，成立慈善基金会。他说："把手握紧，里面什么都没有，但把手张开，就可以拥有一切。我们其实并不需要太多，而是应该学会倾听内心的声音。"

可以说，这个世界充满了密码，如果解开密码，就会发现人生虽然有限，却有其存在的基础与意义。比如，人们在读书、思考、交友、恋爱、谈心、看电影……的过程中，因为一个接着一个密码被打开，整个生命也明朗起来。随着每一道亮光照进心田，每一个特定时刻的"我"都会变得越来越丰富、成熟和踏实；也就是说，越来越成长为一个更为独特、更加丰富的"我"。

追求人生价值的最大化

太阳每一天都是新的，每天照常升起。

身后的风景，任由别人去欣赏吧；从今天起，我们只面向前方。

人的生命受到种种限制，有可怜、柔弱的一面；但是同时，人的生命又具有其伟大的潜能与无穷的可能，可以突破时间、空间和条件的限制，与不同时代、不同地域、不同种族和不同文化的人，遥相呼应，产生共鸣。如果能拜前辈为师、与古人为友，一个人对生命的感悟、所能拥有的高峰体验，就有可能与最高境界和历史纪录，保持在同一条水平线上。

以下4个词，对认识和把握人生非常重要：

自我——我是谁？我从哪里来？将到哪里去？我到底要什么？

选择——被动选择和主动选择都是一种选择，选择成就人生。

责任——不管选择什么，必须对结果要有预见，并对其承担责任。

幸福——人生的价值和行为取向，最终都在于心灵的充实与安详。

人生苦短，我们只有在有限的时间里，正确认识自己，敢于面对自己，积极肯定自己，作出正确选择并勇于担当责任，才能拥有幸福的一生。

庄子认为："人生天地之间，若白驹之过隙，忽然而已。"（《庄子·知北游》）意思是说，人生于天地之间，就像骏马穿过一个狭窄的通道，瞬间而过罢了。"子在川上曰：'逝者如斯夫！不舍昼夜。'"（《论语·子罕》）都是在提醒并警告世人，时间飞逝，一去不返。

强调"逝者如斯夫！不舍昼夜"的孔子，他的一生是这样度过的：

孔子生逢末世，家运消败，幼年丧父，青年失母，中年丧偶，老年丧子，人生的种种不幸全部集于一身，心中的巨大悲伤、无奈与痛楚，绝非常人可以体会。就是这位孔夫子，写了一份只有38个字的自传："吾十有五而志于学，三十而立，四十而不惑，五十而知天命，六十而耳顺，七十而从心所欲不逾矩。"（《论语·为政》）

意思是说：我15岁时，立志于学习；30岁时，可以立身处世；40岁时，可以免于迷惑；50岁时，可以领悟天命；60岁时，可以顺从天命；70岁时，可以随心所欲都不越出规矩。

62岁时，孔子还这样形容自己："其为人也，发愤忘食，乐以忘忧，不知老之将至云尔。"当时，孔子带领一群弟子，已经周游列国9年，历经千辛万苦，险些丧命；但是孔子没有畏难而退，而是一直乐观向上，坚持自己的理想和目标。

如今，孔子已被列为“世界十大文化名人”之首。

人的一生，树立了引领行为的目标，参照了可资借鉴的经验，整合了可以利用的资源，聚集了自我身心的能量，享受了顽强拼搏的结果，便可以说，获得了最大化的人生价值；便可以说，不虚此生。

正如当代作家礼平在小说《晚霞消失的时候》中写的：“人在自己一生的各个阶段中，是有各种各样的内容的。它们能形成完全不同的幸福，价值都是同样的珍贵和巨大。幼年时父母的慈爱，童年时好奇心的满足，少年时荣誉心的树立，青年时爱情的热恋，壮年时奋斗的激情，中年时成功的喜悦，老年时受晚辈敬重的尊严，以及暮年时回顾全部人生毫无悔恨与羞愧的那种安详而满意的心情，这一切，构成了人生全部可能的幸福。它们都给我们带来巨大的欢乐，都能在我们的生活中留下珍贵的回忆。”

让我们凭借对人类历史、社会现实的深刻认识，凭借对真实自我、人生目标的准确把握，在不断的学习、观照和思悟之中，确立清晰、正当的自我意识，尽力挣脱与生俱来的各种限定，将人生的成功与幸福的感受相结合，成就自我又不断地超越自我。

第二课

超越自我

幸福人生

认清自己和世界，进而改变自己的所有本质，超越自身和一切的痛苦，进入无比崇高、平静、幸福的境界。

——叔本华

英国的斯蒂芬·霍金（1942年1月8日至2018年3月14日），因患有“卢伽雷氏症”即运动神经细胞萎缩症，被禁锢在轮椅上长达50年，只有三根手指可以活动。后因肺炎做了穿气管手术，被彻底剥夺了说话的权利，演讲和问答只能通过语音合成器来完成。

正是这位霍金，克服常人无法想象和无法面对的极端困难，超越了相对论、量子力学、大爆炸等理论而迈入创造宇宙的“几何之舞”，解开了宇宙之谜，他是现代最伟大的物理学家之一、20世纪享有国际盛誉的伟人之一。

还是这位霍金，既是轮椅钢铁侠，又是太空探索者、作家、慈善活动家、预言家和音乐人，1994年霍金与迷幻摇滚乐队Pink Floyd合作，他以机械式的电子音诵读了一段独白：曾经的数百万年，我们活着，全如鸟兽，突然奇迹发生，释放了我们的想象力。

2016年4月12日是国际航天日，霍金在中国开通个人微博。首条消息发出后不足一天，粉丝数量便超过200万人。

霍金是人世间自我超越的楷模。

一、守住自我的底线

某公司准备高薪雇用一名小车司机，经过层层筛选和考试后，只剩下三名技术最优良的竞争者。主考官问他们：“悬崖边有一块金子，你开着车去拿，觉得距离悬崖多近而又不至于掉下去呢？”

第一位说：“两公尺。”

第二位很有把握地说：“半公尺。”

第三位却说：“我会尽量远离悬崖，越远越好。”

结果，这家公司录取了第三位。

任何事物都有一个“度”，适“度”就是“可控”；过“度”，就会改变事物原来的性质，就可能“失控”。第三位司机懂得，人生有许多底线是不能突破的，比如诱惑与欲望。

为什么诱惑与欲望能大行其道呢？一是能满足人的本能，当场或即时就获得快感；二是能攻陷人性的弱点，让享乐不断扩大，形成漩涡式的暗流，最后让人们身不由己，失去控制。面对众多的诱惑，我们需要认清其隐藏的危害，拒绝不正当的诱惑，并努力提高自己抵抗诱惑的临界值。

拒绝不当诱惑

英国哲学家罗素说：“人之所以有道德，是因为受的诱惑太少。”如今这个五光十色的现实世界，权势、地位、名誉、金钱、美色等等，如同一把把利剑高悬于我们的头顶，如同一口口陷阱埋设在我们的路途。为什么这样说？因为当诱惑巨大、超出人们抵抗力的时候，许多人会放弃自己的原则。

人总是会优先站在自我的角度来权衡利弊，这是人的本能。所以，人总是会不自觉地对自己和他人使用双重的标准，古人有“只许州官放火，不许百姓点灯”的典故，今人仍然免不了先己后人。在五彩缤纷、迷人心智的诱惑面前，还能不能保持一贯的修养与身份，是一大考验。

大凡人世间的事一不小心均可成瘾，如毒瘾、赌瘾、酒瘾、烟瘾、网瘾、官瘾、财迷、暴食症、工作狂、色情狂、整形狂、购物狂等等，都是严重的精神强迫或心理依赖。瘾，从疒，隐声，就是一种病态，既已上瘾，轻则欲罢不能，重则痛不欲生。从小养成良好习惯，尽量控制程度范围，乃是上上之策。

佛教认为，众生于世间，以眼、耳、鼻、舌、身等器官与外界接触，产生色、声、香、味、触等感觉，引起众生的利欲之心，称为“五欲”。执着于五欲并产生爱染之心，就成为“贪”。一个“贪”字，可以驱使人贪赃枉法、贪得无厌、贪婪无度。贪，是人生修行之大敌，是产生一切烦恼的根源，贪与嗔、痴并列，是危害众生的“三毒”。

因此，佛教主张“勤修戒、定、慧，息灭贪、嗔、痴”。其中，“戒”是道德的规范，“定”是内心的澄静和安宁，“慧”是对于生命以及宇宙真相的了解。对身外之物不过度、不痴迷、不盲从，一切发自本心和自然，就能知足常乐。

《史记•屈原列传》有一句话：人穷则反本。“反”同“还”，是指人遇到艰难窘迫的事，往往会返回本源。推而广之，许多宗教规定信徒定期回到教堂，就是一种让精神回到原点的方式。当我们面对外在刺激与诱惑的时候，当我们感到疲倦与乏味的时候，多想想父母的养育之恩，多回忆父母一路走来的劳苦艰辛，心就会沉静下来，并拥有继续前行的强大动力。

调控欲望程度

诱惑是外来的，欲望是内在的。

欲望是人的本能，适度的欲望可以获得快乐和满足。因此，欲望的满足也是人类进化、社会发展与历史进步的动力。但是久而久之，当追求欲望成为习惯，人便难以超脱欲望的摆布；当感官日渐麻木，只有寻求更加新鲜的、刺激的欲望才可以继续获得满足，正所谓欲壑难填，或者说“人心不足蛇吞象”，这就有过度的危险。

梁漱溟先生说：年轻人的焦虑，在于把欲望当志气。当今时代，吃饭有外卖，购物有淘宝，出门有滴滴，长途有飞机高铁，约会有各种软件，无聊时看抖音……人们的生活水平越来越高，各种欲望都可以填满，几乎是饭来张口、衣来伸手。越是在这样的时代，人们更需要主动调控欲望，让平常心主宰自己，把享受便捷的社会化服务所节省出来的时间，投入到更有意义的事情上，让目标引领人生。

法国哲学家笛卡儿说得好：“不要让你的欲望超过你的能力范围。”孟子曰：“养心莫善于寡欲。”也就是说，修养内心的方法，没有比抑制欲望更好的了。为什么呢？假如一个人竭尽所能去满足欲望，必然会被挤占大量的精力、时间与财富资源，这就会打乱已经制订的各种计划、打破原有的生活平衡，就会走向自我修养的反面，就是“失控”。所以，要控制欲望满足的程度。

如果有人去建立一个“人类欲望博物馆”，那一定会展品奇特、内容丰富，门庭若市，其影响力与震撼力绝不会亚于其他博物馆。但愿我们自己，只是这个博物馆里以史为镜、以人为镜的观众，不是供人指指点点的展品。

知道不等于懂得，明白不等于行动。

揭开一切人性的遮羞布，把一切外在的累赘和装饰从身上剥除，你还剩下什么？你还能干什么？你还想做什么？你剩下的是人生的本原，留下的是追求快乐的真心。约翰•列侬说：“5岁时，妈妈告诉我，人生的关键在于快乐。上学后，人们问我长大了要做什么，我写下‘快乐’。他们告诉我，我理解错了题目；我告诉他们，他们理解错了人生。”

美国做过一项调查，询问街头民众：如果可以隐身，你要做什么？结果，高达80%的人回答：“我要抢银行！”被限制和被约束的人生，一旦挣脱压抑便会寻求释放；既然不会被逮到，就想去做燕子李三。

请问，你的答案又是什么？

在诱惑和欲望面前过度、失控的人，往往会戴上面具，学会演戏，因为谁也不愿意承认自己的品位很低、自制力很差。于是，就会忘记自己的本色。每次看到电视中已经事发的大小官员接受采访时，面对镜头揣着明白装糊涂、信誓旦旦说瞎话，观众都会替他们可怜的侥幸心理和拙劣的表演捏一把汗。明明知道已经做错了事，或者触犯了法，不如就坦陈来龙去脉，明白认错，勇敢担责，尚存一线道德救赎的希望。

最近非常流行的“杀人游戏”，真假难辨，充满了斗智斗勇的技巧，可以酣畅淋漓地过一把“假作真时真亦假”的瘾，让许多人欲罢不能。在游戏中骗一骗别人是规则允许的，而人生的基本前提是千万不要骗自己，因为那样就会完全模糊是非真假，最终会陷入自我迷失的沼泽不可自拔。如果连“自我”都迷失了，那还剩下什么呢？

人生有很多底线，是不能突破的。其中，通过立法程序明文规定下来的，是“法律底线”；在社会生活中约定俗成，大家都共同遵守的，是“道德底线”；各行各业必须坚守的原则，比如商家不卖假货，会计不做假账，医生不开假药，是“行业底线”和“职业底线”。守住了底线，就守住了事物的本质，就守住了底线之内的自由，就守住了为人处世的基础和展开一切人生规划的可能性。所以，我们应该对底线和规则深怀敬畏。

认清自我的内心结构与状态，有助于拒绝不当诱惑、调控欲望程度。

清醒地认识自己，诚实地面对自己，是走向成功和幸福的出发点。每一个具有健全意识和正常思维的人，都会对自己有一个全面的认识与评价，也就是心理学所说的自我意识。正是由于人具有了自我意识，才可以对自己的思想和行为进行控制与调节，使自己形成完整的的人格与品性。

就是说，有所不为，有所当为，有所必为。

二、认清本真的内心

茫茫人海中，有人腰缠万贯，却愁眉苦脸；有人一贫如洗，还春风满面；有人身居高位，常常卑躬屈膝；有人一袭布衣，往往昂首挺胸；有人身居闹市，还是深感孤寂；有人偏居一隅，反而高朋满座……

是什么原因，造成了这些反差呢？

人的成长，首先是心灵的成长。身边发生的种种事件，总会让自己有不一样的体会，心灵伴随着新颖的、独特的感悟，渐渐升华、沉淀为自我的修行和内在的财富。

心，包括知、情、意。知代表理解，情注重协调，意在于抉择；知强调过去，情展现当下，意指向未来，三者共同构成时空一体、冷暖自知的内心。

知——强调过去，代表理解

知包括对事物的理解、对自我的理解、对自我与世界关系的理解。

庄子说："吾生也有涯，而知也无涯。"生命是有限的，知识却如汪洋大海无边无际。

我们从小便接受教育，主要是积累对世界的理解和感悟。但是在有限的生命里，不可能穷尽无限的知识，这就带来一个重要问题：消化知识，把知识变成自我素质和能力；学习应该为自我所用，为人生目标服务，要坚持活学活用、终身学习，切忌变成死读书、读死书的书虫。如果我们的教育总是过分强调知识灌输，忽视理解过程、能力培养与人格塑造，必定会为家长和社会所诟病。

知的积累是一个漫长的动态过程，要善于存疑、敢于否定、不断完善。知的积累不应该只在一个静止、封闭的环境中完成，要与外界充分交流和互动。中小学生适当去踏青、去郊游，大学生坚持走出校门参加社会实践、邀请各类成功人士来学校讲座交流，都是明智的选择。

对自我的理解，就是我这一生到底要什么？准备怎么过？实现哪些目标才幸福？也就是整体的人生规划。人贵有自知之明。尼采说："一个人知道自己为了什么而活，他就能忍受任何一种生活。"显然这是很困难的事，必须经过反复比较与长期沉思，对自己的精神支柱、生命历程和终极信仰有清醒的认识，才可以对自我的一生真正领悟并深刻把握。

对自我与世界相互关系的理解，也就是为人处世的准则与方法。准则能让我们明白，什么不为、什么可为、什么必为；方法则代表着行为的效果、效率和效能。《红楼梦》里说“世事洞明皆学问，人情练达即文章”，是指对自我与世界的关系，有一种深刻的理解与高妙的掌控。

之所以说“知”强调过去，是指人生的每个阶段各有侧重的内容，要求每个阶段都办好此一阶段的事，如果成家立业的阶段仍在大量补习知识，生儿育女之后还须重新规划人生，就会非常被动。

情——注重协调，爱在当下

人的感情既丰富又复杂，有与生俱来的亲情、乡情和后天遇到的爱情、友情，有个性化的审美感受与博爱情操，也有对人生际遇、历史文化和宇宙万物的领悟与体验。

亲情、爱情、友情，都是自我与特定的一个或多个对象之间的心灵关系，是人人具备的感情。人的感情是一个交互的流动过程，必须是双向互动的付出与回馈。如果仅仅停留在口头没有流动，自然会僵硬；如果只有付出而得不到回馈，久之便会枯竭。

正如庄子所说：“天地与我并生，而万物与我为一”。进入审美与博爱的境界，会拥有忘我和天人合一的感受，美带来和谐，而和谐可以超越差别。博爱是广大、崇高而无私的爱，老子说：“既以为人，己愈有；既以与人，己愈多。”就是说，情感抵达最高境界时，付出的越多，说明了自身所拥有的越丰富；付出之后，自身不但没有减少，反而会增加。

普通人只拥有自我的个人生活，思想家却在深入思考人类共同的命运，又将思考的结晶供大众借鉴和参考，其中的少数人成为人类的导师。人生在世，首先要自尊自爱，要从身边之人爱起，逐渐由近及远、扩而充之。

情感世界丰富、复杂而多变，有三点很重要：

第一，自身要成为“情感主体”，拥有独立的能力与身份；自己成为独立的主体后，既能担当职责，又能自我调控。早恋就是因为人格尚未形成，其普遍的归宿是难抗挫折、难经变故、难以持久，最终难成正果。

第二，掌握好评判情感得失、化解情感困扰的良方，问一问自己是否“心甘情愿”。要注意的是，情感是需要交流互动的，心甘情愿也有一个需要把握好度的问题，如果情感的接受方不愿意，无论单方面多么心甘情愿也是无用的。所以，佛学认为贪、嗔、痴、三毒中，尤以“痴”毒为最重。

第三，爱应该是正在进行时，与过去藕断丝连、对未来无限憧憬，不如爱在当下。

意——在于抉择，指向未来

意志是人的主观能动性的集中表现，对行为有控制与调节作用。人们经常说，意志力是人的最高领袖和最高统帅。孔子说：“三军可夺帅也，匹夫不可夺志也。”这就说明意志具有明显的动力特征。

佛说：“苦海无边，回头是岸。”又说：“放下屠刀，立地成佛。”都是指，一个人何时意念转变，人生和命运就从这一刻开始焕然一新。所以，意是指向未来的。如此说来，茫茫人海中人与人差别的根源，首先是意志力的不同。 那么，还有什么和意志力一起，共同发挥心灵的动力作用呢？是信念。

总之，知在随时扩充，情在不断丰富，意志更加坚定，对本真内心的准确认知与动态把握，可以让我们主动调节、自由掌控自己的行为，集中全部的心力，在快乐中奋斗前行，所以是一种自我超越。

信念的力量

一支英国探险队进入了撒哈拉沙漠，阳光下队员们口渴似炙，心急如焚——所有人都没有水了。这时，探险队长拿出一只水壶："这里还有一壶水，但是，在穿越沙漠前，谁也不能喝。"最后的一壶水，成了穿越沙漠的信念源泉，成了求生的寄托。

终于，探险队挣脱了死神的魔掌，顽强地走出了沙漠。大家喜极而泣，争相用颤抖的双手拧开那一壶支撑他们精神的水——可是，从水壶里缓缓流出来的，却是金光灿灿的沙子。

这就是信念的力量。

信念，是对某人或某事有信心、肯信赖的一种思想状态，也是意志和行为的基础。一个没有信念的人不会有坚定的意志，更不会有积极主动的行为，岁月的流逝仅仅意味着年岁的增长，他们只是在日复一日地重复自己的生活，被动而又消极地延续生命。有了坚定的信念，个人行为集中朝向自己的目标，全部身心与目标合二为一，成功会是一种水到渠成的结果。

美国作家欧·亨利在小说《最后一片叶子》里描述：

病房里，一位生命垂危的病人从房间里看见窗外的一棵树，在萧瑟秋风中树叶一片又一片地掉落下来。病人望着眼前的落叶，身体也随之每况愈下，一天不如一天。她说："当树叶全部掉光时，我也就要死了。"

一位老画家得知后，用彩笔画了一片叶脉青翠的树叶挂在树枝上。

就这样，最后的一片叶子始终没有掉下来。正因为生命中的这一片绿，这位病人竟然奇迹般地活了下来。

人，是为希望而活着的；人生可以缺少很多东西，唯独不能没有希望。希望是人世间的动力之源与价值之光，能引发信念、激活潜能、催人奋进。有了希望，行动就会有方向，生命就会生生不息。

我国古代诗人陶渊明，为官清廉不为五斗米折腰，写了不少诗篇表达心中对田园生活的向往：“少无适俗韵，性本爱丘山。误落尘网中，一去三十年。羁鸟恋旧林，池鱼思故渊。”诗人在40岁的盛年深感“送往迎来，大违本性，不如就此归去”，响应内心的呼唤辞官归隐南山，“久在樊笼里，复得返自然”。与夫人“夫耕于前，妻锄于后”，安贫乐贱，共同劳动。

内心的坚定信念造成了人生的如此转折，使陶渊明成为我国田园诗派创始人、散文大家。又比如大作家鲁迅，年轻时赴日本学医，因为痛感于民族的落后和民众的愚昧，回国之后投身革命和文学。他这种志向、事业、目标的重大转型，不是对自我信念的背叛，而是一种更为难得的坚守和超越。

在人类灿烂的历史星空，这样的事例比比皆是。成功不一定是固守着某一种信念，有时更需要顺应时代潮流并倾听内心的呼唤，这样的调整绝不是朝秦暮楚，而是在更高的层次和境界成就自己，是对自我人生的突破。

三、如何自我定位

三个工人正在砌墙。

有人过来问：“你们在干什么？”

第一个人没好气地说：“你没看见吗？砌墙。”

第二个人抬头笑了笑："我们在盖一幢高楼。"

第三个人笑容很灿烂："我们正在建设一座城市。"

10年后，第一个人在另一个工地上砌墙；第二个人坐在办公室里画图纸，他成了工程师；而第三个人，是前两个人的老板。

这样的故事，每天都在身边发生，我们自己也是其中的一员。可以想象，"第三个人"的事业也许会越来越红火。因为，懂得自我定位与内心信念、积极态度相结合的人，更能够以理性的态度追求更好的生存状态，运用科学的方法和持续的行动，去实施人生目标。他们会一直把命运的主动权掌握在自己手中，终将拥有更大的概率成就自我并不断地超越自我。

人生不应该走到哪里算哪里，一个人如果不想活得浑浑噩噩，就要学会给自己定位——从何处来？目前在哪里？要到哪里去？从而辨析自我想做什么、能做什么、如何去做，以及成为一个怎样的人。

每个人来到这个世界，都应该也能够找到自己的最佳位置。

自我定位的重要性

定位，是自我管理的起点。定位包括"位置"和"方向"的双重意思，是确定某一事物在一定环境中的位置，比如产品在市场中的定位、人员在组织中的定位、物品在地理环境中的定位。如果能对人生准确定位，成长之路会变为成功之道。自我定位首先应该从身处的环境着眼，注意以下三个方面：

●顺应时代潮流：就是说知道自己从何处来、目前在哪里、要到哪里去，想做什么、能做什么，都需要顺应时代的潮流。孙中山先生说："天下大势，浩浩汤汤，顺之者昌，逆之者亡。"时势造英雄，英雄之所以能够成为英雄，在于深谙局势、形势与态势，在于顺应时势、走势和情势。

●分清资源条件：环境与资源是有潜能的。有潜能并不一定能发挥，也不一定肯定会发挥，“有”不等于“是”，“潜能”意味着还需要激活。条件代表限制性，比如许多行业设有准入门槛，许多职位需要资格证书；只有努力具备相应的要求，自我定位时才可以纳入视野。

●明晰朝夕之别：橘生淮南则为橘，生于淮北则为枳。明珠暗投难有真情回报，沙漠耕耘怎能硕果丰收？以前人们经常说“男怕入错行，女怕嫁错郎”，是因为当时的职业选择与婚姻选择，基本上都是从一而终的；如今男女平等、选择自由，这一句话应该改为：男女都怕入错行，男女都怕结错婚。

一个不知道自己究竟要干什么、能干什么的人，进入任何行业都是“入错行”；一位不知道自己究竟要找什么样的郎君、能找什么样郎君的女士，不管嫁给谁都是“嫁错郎”。

这就是自我认识和自我定位的重要性。

行是指行业，所谓“三百六十行，行行出状元”。行业有朝阳与夕阳之分，朝阳冉冉升起，充满希望；夕阳逐渐暗淡，即将消退。进入某个行业的具体单位之前，尤其是私营企业，最好对其主要领导人事先有一个基本了解。兵熊熊一个，将熊熊一窝。英明的领导能够把效益差的企业办好，糊涂的领导只会把好企业带坏。行业与领导，有以下四种组合供你选择：

A. 英明领导，朝阳产业

B. 英明领导，夕阳产业

C. 糊涂领导，朝阳产业

D. 糊涂领导，夕阳产业

很显然，ABCD的排列顺序，也应该是选择的顺序。这也说明了，人们准备重新择业而跨进人才市场之前，很有必要做好相关的功课，掌握目标行业与企业的背景知识，坚持自我的兴趣、能力与目标企业的发展前景相互匹配的原则，尽量富有针对性。

自我定位的方法

自我定位，既是对“我是谁”的再次回答，也是对“我到底要什么”的清醒认识。在这个功利化、娱乐化、碎片化，热点分散、迭代加快的时代，给自己的人生一个准确的定位，比以往的任何时候更显得重要。

●归纳法定位：归纳法是在零散的个案中找出共同点，确立一条原则。我们买葡萄的时候就使用了归纳法：一般都会先尝一尝，如果很甜就归纳出其他的葡萄也都是甜的，于是放心地买上一大串。

又比如，由于我出生于工薪家庭，我学的是酒店管理专业，目前高星级宾馆的人才需求量很大……所以，没有必要这山望着那山高，坚定地投身于酒店行业，持之以恒就会有很好的前途。

●比较法定位：在有可比性的前提下，通过观察与分析找出各类人生的相同点和不同点。比如，刘德华是天王巨星，王宝强是草根明星，我应该走后者走过的道路。张曼玉天生丽质，有的演员长相一般，我演不了前者饰演过的角色，应该选择后者所走的路线。王思聪是富二代，其资源和优势凡人不可比，既然咱老爸不是“李刚”，绝大多数人都靠白手起家，低调实干才是成功之道，我也要在奋斗和拼搏中成就自我。

许多老师喜欢给青少年推荐名人传记，就是在使用比较法。在自我定位之时，需要从前人的、名人的、家人的、同辈的、朋友的人生经验中汲取经验，多参照既具有标志性又具有可比性的人生历程，自己就会明白：有些景高不可攀，有些事可作参考，有些人正是楷模。

比较不是攀比，应该特别注意可比性：

一斤不比一尺重，一吨也不比一丈长，它们没有可比性。

与外界和别人比，是为了寻找差距，总结经验，吸取教训。

与自己的过去比，是为了校正方向，弥补过失，消除遗憾。

二者共同的目的，都是成就想要的、更好的自己。

●排除法定位：行业和职位有资质要求，家庭或环境有硬性约束，如果你没有条件当全能选手，就应该把自己在年龄、体貌、专业、地域、文化等各方面的否定性因素找出来。比如，色盲不宜从事平面设计，学习护理专业的男生很罕见，等等。

自我定位的出发点和落脚点，都是自我。针对内心的呼唤与目前的位置，每个人都能找到适合自己的定位方法，基本的原则有以下建议。

给自己一个准确的定位

定位是寻找一个适合自己的位置，是在自身价值、社会地位与最终成就之间，实现最佳匹配与平衡，由此确立人生的目的地。一个人能否给自己正确定位，将决定其一生成就的大小。

●拒绝庸俗：所谓俗气，包括世俗、低俗、庸俗。世俗是追随大流，低俗是自甘堕落，庸俗是不思进取。中国文化很少涉及超验价值、普世价值的领域，所有中国神话和寓言，都只是世俗生活的投射；现实生活中，人们最普遍的人生态度有两点，一是简单，二是实用。

拒绝庸俗，就是要立大志、立长志；就是要超越现实，立意高远。

自我实现的事业、幸福和睦的亲情、肝胆相照的友谊、坚贞久远的爱恋，都是值得我们全身心去投入、追求、创造与保护的生命要素。衣饰的华丽、学历的高低、职位的升迁、钱财的多寡，在一去不返的时间面前，最终将如一片片浮云，被吹拂得无影无踪。

●高低结合：为自己定位时让人生的最高境界当车头，追求非凡卓越。同时，要做到高点定位与低点起步相结合，既要志向远大，又要脚踏实地。不能因为高点定位而走向极端，以致好高骛远、纸上谈兵，而是要在充分了解自我、了解现实、了解环境和资源的基础上，做到高点着眼，低点起步，积小胜为大胜。

胸怀大志，腹有良谋；仰望星空，埋头实干。

一位外国足球教练曾说：中国人踢球的最大毛病就是头抬不起来，只盯着脚下。如果这个不良习惯不改掉，“用脑子踢球”只能是一句空话；如果一个工厂只盯住某一款产品、只满足于现有的市场份额，不看顾客需求，不看市场趋势，迟早会被市场淘汰。

人生定位要遵循同样的道理。

●懂得放弃：20世纪90年代初，万科坚持“瘦身”，将与主要产业无关的企业全部出售，由多种经营而最终选择房地产，又由房地产选择了住宅，由住宅又选择了中档以上的住宅，再由中档以上的住宅选择了城郊结合的住宅。通过“减法”，万科反而做大做强了。

说到底，人的自我定位有一个选择与放弃的问题。我们经常听到这么一种说法，“十八般武艺，样样皆通，样样稀松”。当今，新创企业如雨后春笋，人才市场业务繁忙，各种信息迎面而来，令人目不暇接。如果没有基本的定力，容易让人心浮气躁。学会选择，需要敏锐的眼光和清晰的认识；懂得放弃，需要彻悟的智慧和割舍的勇气。只有懂得取舍，才能够集中时间与精力于自己的目标，在持续的聚焦中获得成功。

●与古人为友：一个人不仅要看到现在，也必须了解过去和未来。在现实而功利、快捷而浮躁、繁华而肤浅的当今时代，如果难在身边找到有内涵、有深度的朋友供自我定位时借鉴参考，不如通过网络与阅读，与孔子、孟子、老子、庄子和苏格拉底、亚里士多德等古圣先贤交朋友，这样就能超越时代、拒绝庸俗，拓展心灵、增长智慧，让自己与智者们心意相通，自我定位便获得了人类思想的最高参照坐标。

与古代智者为伍，可解答当代人的心灵困惑。

●永不过时：齐白石先生从41岁至47岁，还在经历“五出五归”的远足游学，其后又在家乡开始8年的山居生活，潜心吟诗作画；国务院前总理朱镕基，51岁时仍是国家经委燃动局的处长……一个人要想改变自己，什么时候都不算晚，关键在于你的决心有多大。你只是有兴趣改变、希望改变、试图改变，还是一定要改变、坚决要改变、必须要改变、不得不改变？

2015年6月1日，华为前副总裁李一男召开产品发布会，这一天也是他45岁生日。现场座无虚席，李一男回顾说：“你要问我心里疼不疼，真疼啊！但是我想，谁没有在年轻的时候经历过彻骨的疼痛呢？但只要有足够的韧性与执着，即便是到了我这样的年纪，依然有无限可能。”

生命是一个动态的过程，自我定位的时机与结论，肯定不能守株待兔、刻舟求剑，也应该是动态的。自我定位需要定期反省，尤其在遇到困境或发生重大变故的时候，更要认清自己的位置并调整下一步的方向。

读到此处，请合上手中的书本，去户外散散步，也可以和家人交交心、与好友谈谈话，就以下问题作一次认真的反思吧：

我是怎么走到今天的？

我对目前的状态满意吗？

如果我想改变，明确的方向是什么？

自我定位的动态化，不是试错法；或者说，试错法是定位人生的大忌。所谓试错法，是指反正我也不知道哪个位置与方向是对的，不如就一个接一个试探着来，大不了错了就换。请看以下这个故事：

有一位禅师，跟随老师学习了很多年后，辞别师父去改投另一位大师。6年后，他又回到了前任老师身边。

师父问他："拜师6年，你向大师学到了什么？"

禅师回答："什么都没有学到。"

师父再问："既然什么都没有学到，为什么会留6年？"

禅师以切身经历作答且富于哲理："不留6年，我怎么能知道，他所拥有的东西我已经拥有了呢？"

大好的6年光阴，就因为试错而无端地浪费了。一失足成千古恨，再回头已百年身。即使允许自我定位时大胆试错，人生只有一次，又怎能一再试错？百年身，已是下一辈子的事了。所以，自我定位须非常审慎，参考上述建议方法与原则，结合自己的实际，理性地进行规划与描绘。

四、自我的丰富性

三百六十行，行行出状元。

以下列举的人生追求，是相互兼容、可以同时拥有的。一个人如果认定了某一类型，比如把追求物欲、满足兴趣或决胜职场作为其人生的主战场，其时间精力必然会对此有所侧重，个人生活的各个方面会对其倾斜，由此形成自我的重大关切与独特风格。

理论是灰色的，而生活之树长青。

物质的丰厚

“民以食为天”，人类的生存离不开基本的物质供给，就人的动物性而言，给点阳光就灿烂、给点雨露就滋润，是一种本能的反应。

科技的发达、社会的进步，给人们提供越来越多、越来越好的物质享受，人们已经不再满足于基本的生存需求，物质追求的档次水涨船高：靓丽体面的华服，美味可口的佳肴，宽敞明亮的居所，舒适享受的出行……物质的丰富满足，不但能愉悦身心，更是对个人能力的肯定、地位的彰显与价值的实现。“有钱花”“随便花”“使劲花”“比着花”等，是多少人难以抗拒的主要目标、生活动因与幸福源泉。

靠体力致富者光荣，靠脑力致富者智慧。有三个问题需要处理好：

第一，社会财富有限且分布不均。相关资料显示，近年来，反映贫富差距的基尼系数在我国呈现攀升的趋势，已经高于世界平均水平，如何使更多的人共同富裕，是时代的命题。

第二，普遍的从众心理和攀比心理。市场经济条件下的社会价值观，极容易造成人们普遍的从众心理和攀比心理，富人的炫富心理与穷人的仇富心理，以及官员的贪污腐败。国家已出台一系列综合性社会治理措施，推动文化与文明建设，从而扭转整个社会和民族的某些不良风气。

第三，物质产品是看得见、摸得着的实体，是可以用金钱购买的商品，总是在不断更新换代和优胜劣汰，总是要不断磨损消耗，而且人与人之间物质享受的可比性一目了然。如果人的兴趣与爱好仅仅着眼于具体实物，心灵只能停步于生理满足或感官刺激的低浅状态，在喜新厌旧和见异思迁的本能驱 使之下，必然陷入物欲的泥潭而难以自拔。

“形而上者谓之道，形而下者谓之器。”人生要多悟“道”，尽量摆脱“器”即具体物质形态的约束。就是说，生活简朴，精神富足。

自古圣贤皆节俭。孔子对弟子颜渊过着“一箪食，一瓢饮，在陋巷，人不堪其忧，回也不改其乐”的生活大加赞美。刘禹锡的《陋室铭》脍炙人口：“山不在高，有仙则名。水不在深，有龙则灵。斯是陋室，惟吾德馨。苔痕上阶绿，草色入帘青。谈笑有鸿儒，往来无白丁。可以调素琴，阅金经。无丝竹之乱耳，无案牍之劳形。南阳诸葛庐，西蜀子云亭。孔子云：何陋之有？”

卡内基慈善奖是全球慈善界的最高奖项，至今只有两个中国人获此殊荣，一位是香港的李嘉诚，另一位是平民出身的香江集团总裁翟美卿。她先后为教育、扶贫、赈灾等社会公益慈善事业捐款9亿多元，在16个省份的贫困地区建立了1000多家香江爱心图书室，100多万名学生受益。

翟美卿常说：“一个人的生命是有限的，获取财富只是一个过程，获得财富后的真正意义，在于能为社会做更多的贡献。生命的价值不仅仅是追求物质的富有，更要追求精神的富足。”

职场的风度

中国是有14亿人口的大国，职场上看似竞争激烈，其实每个单位都缺人才——缺“能做事，会听话”的人才。“能做事”代表有真本事，“会听话”意味着情商高，任何人只要真正能做到这个六字秘诀，就不用担心找不到称心如意的好工作，或者被淘汰出局。简要解读如下：

能做事第一条：是业务能手。

能做事第二条：能维护集体。

能做事第三条：有学习能力。

IBM公司鼓励员工向自己的潜能挑战，给每一位员工发挥所长及潜能的 机会，并辅以完善的内部晋升机制实现自我价值。每一位IBM员工都可以拥有两条职业发展道路：一条是专业发展道路，如技术工程师等，以多种培训助其在专业道路上站得更高、看得更远，培养其成就感；另一条是管理道路，提升其管理理论与实践水平，最终发展成为合格的职业经理人。

众多企业单位，都会为员工提供类似的职业发展通路，最终的胜出者，无不表现出“能做事，会听话”的特点。

衡量能做事的标准是动态的，业务能手还可以向业务骨干或业务尖兵的要求看齐，直至最后成长为业务领导。维护集体既包括维护利益，也包括维护名誉；既体现为维护局部利益，更体现为维护整体利益。学习能力强大了，可以提高创新能力与创造能力，独自或带领团队保障本单位技术进步。

正因为是动态的，所以仅有真本事并不够，还需要情商保驾护航。

会听话第一条：尊重权威。

会听话第二条：服从大局。

会听话第三条：慎入派系。

会听话有两种情况：一种侧重于说话的“人”，一种侧重于所说的

“话”。说白了，前一种就是马屁精，这里所指是后一种。会听话一定要在动态之中讲原则，是原则性与灵活性的统一：比如，无论权威因为什么当上了权威，应该当众给他面子，在私下提出不同意见与良好建议。权威不是神，也会犯错误，怎样做到既不误事情又不伤感情？服从大局意味着自我要作出某种让步与牺牲。上级的决策是大局，长远的利益是大局，如果出现矛盾该服从哪一个？上级与上级相互对立，又该怎么办？你不入派系，派系也许会找你，实在扛不住，就始终坚持“对事不对人”。

中西方文化中会听话的区别很大，需要视企业文化而调整。

策划大师王志纲先生，以13个字概括应聘工作的四个阶段，或称为四层境界：发现你、接受你、喜欢你、离不开你。“发现你”是用人单位的初步“意识”，“接受你”和“喜欢你”的，将是什么？无非是真本事和高情商。凭借这两项融入用人单位的整体结构之中，发挥你不可替代的重要作用，自然就“离不开你”了。

工作职业将耗费人生最主要的时间与精力，也是评判一个人成功与否的关键因素。十余年苦读求学，是为了找到一份好的工作；几十年辛勤工作，是为了让自己和家人的生活幸福美好。

兴趣的满足

孔子说：“知之者不如好之者，好之者不如乐之者。”“好”就是对学习的内容或者从事的工作好奇或喜好。

哲学家周国平说：“我的人生观若要用一句话概括，就是真性情。我从来不把成功看作人生的主要目标，觉得只有活出真性情才是没有虚度了人生。所谓真性情，一面是对个性和内在精神价值的看重，另一面是对外在功利的看轻。一个人在衡量任何事物时，看重的是它们在自己生活中的意义，而不是它们能给自己带来多少实际利益，这样一种生活态度就是真性情。”

人的一生，应该努力做到“六大爱”：敬爱父母，亲爱配偶，慈爱子女，热爱工作，友爱同类，挚爱兴趣。生活中有兴趣爱好，工作中有兴趣支点，交朋友最好能兴趣相投。人与人之间的区别，很多时候都表现为个人独特兴趣的满足方式。人以群分的原因，主要是因为兴趣相投而结成了朋友圈、QQ群和微信群；如果是自己不感兴趣的事，觉得索然寡味、了无意义，经常会想办法能躲就躲。

兴趣有四种境界，兴趣、乐趣、志趣和痴迷：

兴趣是满怀好奇，有点意思，跃跃欲试。

乐趣是乐在其中，废寝忘食，自得其乐。

志趣是找到价值，以身相许，自我实现。

痴迷是上瘾成癖，迷恋忘我，不能自拔。

痴迷某件事，衣带渐宽终不悔，为伊消得人憔悴。

兴趣可以只是玩一玩、乐一乐，如果真想玩出高水平，就必然要阅读专业书籍、拜访行业名家、持之以恒。人的才智和精力总是有限的，金庸先生笔下的《笑傲江湖》，梅庄“江南四友”也只是琴棋书画各擅一道。满足兴趣还是要集中注意力，坚持不懈。

精神的享受

自古以来，中外贤哲都主张过一种简朴的生活，以便不为物役，保持精神的自由。美国作家海明威说，许多人花一辈子才能明白的道理，是我们真正需要的东西很少。温暖的阳光，清新的空气，松软的泥土，这些并不需要争取便可以得到的大自然的恩赐，许多人正在用一生的奋斗远离它们。

人生在解决了基本的生存之后，必然会朝不同的方向发展，满足个性化的兴趣，其中有一个重要方向是追求高级精神的享受。读一本真经典，看一部好电影，听一首天籁曲，顿时感到神清气爽，似乎灵魂也被洗礼过；爱情、亲情、友情的刻骨难忘，沉思、创造、济世的荡气回肠，还有自然美景的旖旎多姿，成功时刻的欢乐开怀——精神享受是最崇高的享受，是个人文化生活的丰富多彩。真正的精神享受，不一定非要建立在物质的基础之上，其美妙也难以与外人分享。

傅佩荣先生说："我有一种习惯，只要听到动听的歌曲、看到感人的电影、读到精彩的书籍，使我当下觉得'既感动又幸福'的，我就购置一份收藏在手边，形成我的秘密武器，亦即我的美感源泉。有了这样的装备，我的情绪经常得以调节，也随时可以归零，回到原点重新出发。"

许多人都这样做，只是没有哲学家彻底。

高级精神享受是一种自我实现的身心愉悦，必然内化为个人的审美习惯或精神信仰，富有圆融的心灵张力，逐渐壮大为稳定可靠、指导言行的强大力量，引领着自我的价值取向和幸福感受。

正如南怀瑾先生撰写过的一副对联：

佛为心，道为骨，儒为表，大度看世界。

技在手，能在身，思在脑，从容过生活。

亲情的和谐

家是每个人的人生起点。伏尔泰说过："对于亚当而言，天堂是他的家；然而对于亚当的后裔而言，家是他们的天堂。”家庭是社会的细胞，拥有温馨和谐的亲情，是人们与生俱来的本性诉求。

可是，在越来越现实的社会里，人们内心的真实愿望，往往被竞争的残酷和零碎的忙碌所扭曲。许多人忙忙碌碌，经常忽略了家人的感受，被功利性的潜规则牵着鼻子走，日复一日，年复一年，也许就错过了人生最温馨和谐的风景。等到终于有一天登上巅峰，环顾四周时，才体会到“高处不胜寒”的曲高和寡，喝彩的人群里却缺少自己熟悉的脸庞……

当今社会到了要把“常回家看看”写进法律的程度，说明了空巢老人和留守儿童的问题已有多么严重。

当今世界，北欧地区的幸福指数非常高，北欧男人经常把“生活品质”一词挂在嘴边。瑞典有句民谣：钱是可以储存的，而时间不能储存；你怎么花时间，决定了你一生的生活质量。在房子、车子、票子和孩子、妻子、园子之间，北欧男人大多数会选择后者，因为他们要的是品质，而不是物质。北欧的父亲，会因为孩子而辞工做“居家父亲”；必须加班的父亲会选择深夜干活，以便有充足的时间陪家人吃晚餐。

网络上流传陈道明是标准的好男人，因为陈道明说过：“我喜欢收拾家，这是一种心境，收拾完特干净，会觉得很舒服。我觉得男人最大的时尚就是多在家待一待。其实把所有该回家的人都召回家，这个社会就会安定许多。现在有多少不回家的人，不是因为事业，而是在酒桌上、歌厅里。如果晚上每个家庭的灯都亮了，也是一种时尚。”

以孝顺父母长辈为例，有三层境界：

其一敬而顺从：敬以赤诚的心意、陪伴的时间和生活必需品；顺从他们的生活习性和内在意愿，父母当拥有存在感。

其二和而圆满：化解心结，消除隐忧，补齐短板，偿还心愿，强化意念，儿女们勇于承担家庭和社会责任，父母会富于安全感。

其三引而超越：以晚辈的后发优势，帮助父母逐项逐步超越其原初限定，扩充其生命轨迹，体验更丰富多彩的生活内涵，获得更全面深入的人性发展，父母将充满幸福感。

人生的突破

突破是一种人生质变，是努力向命运抗争，从身心所属的环境中突围，打破看似命中注定的限制，获得全新的格局与境界。每个人活在世上，都既有命运也有使命。使命是要对自己全面负责任，可以选择也必须去选择自己的人生目标。

从山脚努力向上去攀登山顶，只是一次主动的行为选择，严格地说不能算是人生的突破；在登临山顶的途中，洞悉一路的风云变幻，将目光瞄准远方的群山，心怀千里之外的重洋，才是准备突破的真正起点。

虽然自己出生时只拥有5分，但是，敢于与那些一出生就拥有40分甚至更高分数的人去竞争，敢于否定“龙生龙，凤生凤，老鼠的儿子会打洞”的宿命论观点，是对出身环境的突破。

为人处世的方法、追求成功的秘诀、婚恋情感的技巧，道理明白，就是一直做不到。坐以论道，何如起而行之？某一天忽然警醒，拎着一个梦想计划、一个行动方案快步出门，九头牛也拉不回来，是对执行力的突破。

路见不平拔刀相助，大义当前奋不顾身，危急时刻机智应对，是对道德与理性的突破。曾经拥有落后观念，曾经形成不良习惯，曾经犯下严重错误，顿悟之后能做到壮士断腕、痛改前非，是对自我局限的突破。执着于喜爱的专业或兴趣，一头扎进去上下求索，取得了前所未有的发明创造，能造福于广大的民众，是对人类认识的突破。

俄国戏剧大师斯坦尼斯拉夫斯基在排一场话剧时，女主角因故不能演出；出于无奈，他只好让自己的大姐担任角色。可是大姐从未演过主角，由此便缺乏信心，排演时非常糟，斯坦尼斯拉夫斯基很不满，生气地说："这是全戏的关键，如果女主角这样差劲，就不能再往下排了！"全场寂然。

大姐经过久久思考，突然抬起头来坚定地说："排练！"只见她一扫过去的自卑、羞涩与拘谨，演得非常自信、真实。斯坦尼斯拉夫斯基高兴地说："从今天开始，我们有了一个新的大艺术家。"

心理学家马斯洛指出，自我实现是"成为你所能够成为的那个人"。那么，什么是"能够"的呢？是以下三个方面的组合：

自己想要的：知道内心深处真正要什么，就会全力以赴去争取拥有。

命运该争的：保持人格独立，抗争命运、强化使命，决不轻言放弃。

人生能成的：以最高境界为引领，激发潜能，人生还有许多可能性。

2015年9月9日，CCTV著名主持人张泉灵离开央视，举行了一个演讲《生命的后半段》。她说："我今年42岁，人生从哪个角度算都过了一半。按通常的视角，功成名就。但是，世界正在翻页，如果我不够好奇和好学，我会像一只蚂蚁被压在过去的一页里。人生久了，便习惯了一种自圆其说的逻辑，从职业到情感，从人生规划到思维模式，无不如此。我唯一拥有的就是我的好奇，在42岁还有的好奇。于我而言，从头来过不是否定，是敢放下。我想，我做好了准备，放下，再开始一次……"

这篇演讲，一天内有600万人次阅读。

自我超越是生命现象的本质特征，人是有主观能动性的生物体，能够有意识地吸取更有价值的营养，提高新陈代谢的水平和效率，对外界作出富于文化的、积极的反应，不仅让生命自然延续，经由远大的目标引领、顽强的意志主导、科学的方法实施，更使生命的深度、密度与高度达到极致，持久绽放光芒。

清晰的自我定位，是促进自我成长、自我实现和自我超越的前提。只有通过独特人生的不断展开、层层突破与深刻实现，才可以最终佐证：生命的唯一性，决定了个体人生应有的独特性。唯一的你不仅是存在过的，而且是成功地和幸福地存在过的。

用三句话概括，自我超越的标志是：

边界拓宽，占据了更大的体验范围和生存空间。

程度加深，获得了可靠的自我确认和外部引流。

性质变好，拥有了突破的发展机遇和内生动力。

五、活出人生的大境界

人生有一种或然性，我们时时刻刻置身其中的日常生活，是怎么来的？是必然会如此的吗？有可能被替换吗？还能有别的活法吗？我们现在所处的位置，是完全自主选择的吗？已经达到了最佳状态吗？还有可能进行改变和调整吗？假设人生可以重来，又该是一种怎样的活法？

或然性，是指随机的或没有规律的可能性；人生的或然性，是指没有任何人、任何组织可以规定某个人的人生只能是某种样子，也是指，只要勇于选择自我超越，只要释放生命潜能，人生还具有多种多样的可能性。

比如，以前你喜欢听流行音乐，现在你逐渐地改为只欣赏中外经典名曲，也许你会感觉耳目一新。电视剧《天道》的女主角芮小丹，下定决心买一套专业音响，终于听到了一首名曲的最好音质，她的感慨是：“原来人还可以这样活！”又比如，原来孝敬父母长辈时，是物质上全力满足他们的生活需求，也尽量抽时间常回家看看。现在你再增加一项，持续、深度采访：请他们口述自己和家族的历史，记录下来、用大号字体打印出来，让他们修订和欣赏；用心去探知父母内心深处未了的心愿，并尽量体面地予以满足……

从这样的细节出发，再逐渐扩大、深入到个人兴趣与爱好的方方面面，细水长流，积少存多。最后，真正实现了“边界拓宽，程度加深，性质变好”，从外表上看你还是那个你，但是你的境界已提升、格局已改变。

自我超越既是对“旧我”和“现我”的否定，也是在更高的层次和境界上对自我的一种肯定，一种重塑、重构、重组与重建。但并不一定都是或总是脱胎换骨、轰轰烈烈的。当自我超越成为一种习惯、一种趋势和一种常态，经过每一天、每一刻源源不断地否定之否定或螺旋式上升，人生的唯一性转化为自我的独特性。最终，自我必将成为一个全新的、丰富的、博大的和自己所期望的自我，从而实现人生价值的最大化，拥有浸润身心的幸福感。

超越成长环境

我们不能选择出生家庭，不能选择成长环境，但可以超越环境。

自我超越强调内生动力，重视在学习和创造中扩展个人能力，主张正确的自我认知、客观的自我评价、积极的自我提升，将自我超越的主观意识与客观行动内化成一种素质和习惯。

1988年出版的霍金的《时间简史》，销量千万册，成为全球最畅销的科普著作之一。霍金被公认为继爱因斯坦之后世界上最著名的科学思想家和最杰出的理论物理学家，被誉为“另一个爱因斯坦”“不折不扣的生活强者”“敢于向命运挑战的人”和“宇宙之王”。

在霍金面前，我们没有任何退缩的借口。

伴随着传媒的快速扩展与互联网的不断升级，人的全面发展更具有现实性与可能性。机会面前人人平等，紧紧盯住远方的目标，牢牢掌控命运的缰绳，从脚踏之地出发，从每一个细节做起。比如：

阅读大师与经典著作。

交往几位诤友或导师。

当几天义工或志愿者。

德国诗人荷尔德林有一句名诗：“人，诗意地栖居在大地上。”

英国哲学家罗素说：“老年人背后是汪洋大海，青年人面前是汪洋大海。”

法国诗人兰波、捷克作家米兰·昆德拉、德国文豪歌德和哲学家海德格尔都说过同样一句话：“生活在别处。”就是说，通过主动的自我作为，将精神投放到陌生之地，面对一个新生的世界，这是真正的大师拥有的风景。

我们也可以说：生活在高处！通过理智求真、意志向善、情感审美的精神追求，尽管地位可能还卑微、力量尚不够强大、目的常被人怀疑，我们照样能够建立美好的精神家园，占据人格高地、思想高地与境界高地！

最充实的精神家园是什么状态？是一种美的、愉悦的状态。

超越社会流俗

超越社会流俗，需要感悟生命的本质与意义。处于尘世间，只有经历过反复比较与深入思考的人生选择，才能把这种体验转换成一种内在的精神力量，才能够经得起时间的冲刷与检验，将自己置于动态的、持续的进步之中。

静水深流，日常生活中的伟大质变并不太多。可以说，一个一流的人与一个平凡的人，在一般问题上的表现可能不相上下，但是在一流问题、原则问题和关键时刻的表现，会有天壤之别。

自我超越要求我们认清并远离从众效应。从众效应是指由于群体的压力，个体不知不觉地在认识和行为上和大多数人保持一致，是带有一定盲目性的行为倾向，更多地表现为人际关系的依赖性和行为选择的被动性。寻求一致、追随大流，是一种人所共有、极为普遍的行为心态。

对尝试超越社会流俗者，有以下建议：

一个人平静自在地欣赏风景，包括欣赏医院、寺庙、菜市场、步行街、风景区等各类风景，一边观察一边多问为什么。

关闭电视，改听世界名片名曲。

邀约三五好友，成立兴趣小组。

将社会应酬减到最低的程度。

少做低头族，捧读纸质书。

从根本上讲，确立一种你迫切想要的场景或状态，充分研究透彻，包括生态圈与产业链，包括主体内容与关联要素，再形成一个简要的方案，“简单粗暴，直接有效”，细化为目的地、路线图、时间表和责任人四个方面，照此执行，坚持不懈。

超越固有观念

人的肉身是父母所生，人的观念却是文化的产物。

人的一切言行与习惯，都是在某一种观念的驱使下产生和形成的。如果一定要有所改变，人生首先要改变的，是大脑中的观念。

观念，也就是人们通常所说的看法，是人们在实践中形成的各种认识的集合体。每个人都有自己固有的观念，大的方面如世界观、人生观、幸福观、爱情观、价值观，以及思维方式、人文观念、财富观念、家庭观念、时间观念、消费观念和道德观念等等；小的方面包括习惯、方法、技巧等等。

观念一旦形成，就会被用于对事物进行评判、选择、决策、计划、实践或总结，体现自我的水平与素质，形成独特的风格和魅力。

请问，你目前在学习、生活和工作中所遵循的观念，是怎么来的？

你说，是父母教的，是书上写的，是自己想的，大家都是这样的。

有一天，甲乙两人各买了30个苹果。

第二天，两人都发现其中有一个快烂了。甲痛心地几口就把烂苹果吃下了肚；乙则随手扔入垃圾桶，吃了一个好苹果。一个月过去了，甲连续吃了25个烂苹果，乙则吃了24个好苹果。

为什么会有这种差别？观念使然。

可惜的是，有些人的一生也许就停留在甲的层次，错误地在一个行业干了一辈子，错误地与一个人爱了一辈子，错误地把许多观念信了一辈子，终生执迷不悟，从而与成功和幸福背道而驰。

错误观念产生的根源，在于不能从整体、根本、动态的角度看待问题，我们应该冷静而客观地分析，自己大脑中的种种固有观念，到底是怎么来的？为什么会信奉它们？存在哪些有利或不利的影响？有可能进行改变或调整吗？为什么不能改变？怎么进行调整？

请拿出两张纸，选择一个公共事件或重大问题：

第一张：把自己对这一事件/问题的观点记录下来，可以只列关键词。

第二张：把别人、众人、媒体的评判罗列出来，尤其是正反双方甚至多方的、针锋相对的主要观点，最好也有知名人物、成功人士在其中。

接下来，你就认真地比较和分析吧。

比如：人性本善？人性本恶？人性本来无善无恶，还是非善非恶？思想家们已经讨论了几千年。你把各个学派最主要的观点搜索出来，再与自己的想法相对照。其结果也许是，你不仅超越了自己的某些固有观念，还掌握一种思维与工作方法。

在特定的时候，有意识地让自己的观念归零，把自己当成外在对象来观察和研究，反观自身，不断学习，反复比较，就可以逐渐形成健全的自我意识和开放的价值观念，与目标及效率相互兼容，与行为和价值相互匹配。

超越现存状态

1952年，艾德蒙·希拉里攀登珠穆朗玛峰，可惜失败了。数周后他被邀请到英国演讲。希拉里走到讲台边缘，指着山峰的照片大声说："珠穆朗玛峰！你第一次打败我，但是我将在下一次打败你；因为，你不可能变得更高了，而我却仍然在成长之中！"

仅仅一年后，艾德蒙·希拉里和同伴丹增一起，从珠穆朗玛峰南侧攀登顶峰，人类第一次站在了世界之巅。在此之后，他登上了喜马拉雅山脉海拔6000米以上的所有11座山峰。1958年希拉里独自穿越南极，1985年他前往北极进行探险，他因此成为世界上第一个踏遍"三极"的人。

为纪念艾德蒙•希拉里，新西兰5元钞票正面为他的肖像。

可是，许多人不仅在重复别人的生存境界，也在不断地自我重复。

一个活得墨守成规、故步自封的人，只说明他已经到达意义的终点。

人的个性和习惯是长期修炼、感悟、培养的结果，已经习惯成自然。世人之所以不愿意甚至很害怕改变，既有心理的惰性，又有面对全新挑战的心理拒斥，更有超越自我、拥有新我的心理压力，多重隐秘的心理作用之下，有些人躲进旧我成一统，哪管东西南北风？

凡是现有的，并非都是注定如此的。

人生虽然已经是这个样子，但至少也不应该仅仅是这个样子。自我超越意味着心灵必须保持适当的伸缩性，由此才可以赞美、感恩不同的人生际遇，才可以接纳、消化异类的心智养分，才可以期待、拥抱未知的情感缘分。

并不是所有的现存状态都需要超越，因此首先要进行评估。那些条件允许的、自我喜欢的、正在奋进的现状，不是要超越，而是要坚守；只有凝固僵化的、自己不满的、阻碍发展的与尚有上升空间的现状，才应该谋求改变。

人生最大的挑战，往往源于自己。要超越现实水平的自我，提高自身的社会价值，使人生更有意义，就必须置身于动态的自我认识、自我定位过程，实现阶段性的目标，完成本质性的突破。成功者无不经历过多次自我蜕变，蜕变的过程就是自我觉醒和人格完善的过程。对自己的认识越深刻，自我超越的概率越高，取得成功的可能性越大，体验幸福的程度越深。

欲望的满足——让感官快乐，是动物层面。

目标的实现——让精神幸福，是人性层面。

使命的完成——让心灵超越，是神圣层面。

人的一生，总是在三者之间不停地转换。也许有人问，朝九晚五与柴米油盐里哪来的使命？答案也许是肯定的，如果把你今天所为之事，当成关乎亲友的人身安全与地球的前途命运之事，它便成了生命中必须承受之重。

从一生的角度和长度看，能够自我超越的人，是真正的智者与强者。

智者与强者懂得，设定终极目标，参拜心灵导师，阅读传世经典，体悟圣贤心路，彻悟生命智慧，实现顿悟式和跨越式的人生超越，由此而逐渐步入人生的最高境界与辉煌殿堂，不断拥有生命中的高峰体验。

超越文化束缚

文化是一个群体如国家、民族、企业、家庭等在一定时期内形成的思想、理念、行为、风俗与习惯，以及这个群体的整体意识所辐射出来的一切活动。文化是人类生活的反映、活动的记录、历史的沉积，是人们的高级精神生活，也是人们认识自然、思考自我和精神得以承托的框架，是人们对伦理、道德和秩序的认定与遵循，是人们的生活方式与生存准则。

文化集中体现在一个人如何对待自己，如何对待他人，以及如何对待自己所处的自然与人文环境。在一个文化厚实的社会里，人们会懂得：

尊重自己——不苟且，因为不苟且，心灵有品位。

尊重别人——不霸道，因为不霸道，人格有道德。

尊重自然——不掠夺，因为不掠夺，生命能永续。

实质上，超越文化束缚，更多的是要超越自我束缚。如果能做到“古为今用，洋为中用”，深耕时代需求，跨界融合，就能有所创新和超越。

人是文化的产物，也是文化的创造者。要超越自己置身其中的文化内涵，无异于抓住自己的头发将自己提举起来，需要客观的自我评价和深刻的自我反省，更需要大彻大悟的洞察力和大智大勇的执行力。

以动漫为例。我们的教育倡导的是，从小就要争当三好学生，脚踏实地、平稳有序地成长，较少进行创造性、启发式训练，不太接受异想天开、不同寻常的言行。于是，我国动漫编剧受思维的局限，全行业较为普遍的现象是，细节不够生动，情节不够幽默，只好用大量的台词和音效来补充。

文化可以附着于物质的载体，也可以表现为无形的精神或弥漫的氛围。优秀的民族文化与博大的传统文化，需要用一生的时光去学习消化，所以我们要有“文化自信”；供职单位的企业文化，也许要用一年时间去观察掌握。无论何时、置身何处，我们都应该传播健康文化、阳光文化和积极文化，做一个温暖人心也自我温暖的现代公民。

自我超越是人生意义的凸显形式，我们以人的身份来到人世，因为时代、环境和条件的差异，每个人的人生追求、人生价值和人生意义可以各不相同；但是无一例外，个体应该在物质与能量交换中对族群和种群有所奉献，否则便只是纯粹的资源消耗者，或者只是其他个体的简单重复，只有生命现象的自然延续，没有人生价值的精彩呈现，这样的人生对人类的整体缺乏意义。

敢于打破平衡，勇于担当责任，善于创造价值，才可以真正地把握人生，才可以切实地投身生活，将一己之力汇合到人类整体的进步、和谐与幸福的洪流之中。当人们取得了阶段性和标志性意义的成果，并不能就此裹足不前，应该重新设立新的、更大的目标，不断实现人生的丰富、完善和进步。

简言之，人的自我超越具有以下特性：

符合社会发展总体趋势。

超越自我人生原有格局。

传播砥砺前行正面能量。

获得滋润心灵幸福感受。

下面这位95岁的美国老太太，为我们提供了鲜活的例子：

Phyllis Sues，1923年出生于美国一个普通家庭。从小开始学习芭蕾，长大后成了一名芭蕾舞演员。自身的优良条件加上刻苦的练习，让她顺利跳上了百老汇的舞台，并成功地在世界各地巡演。

随着年龄增长和病痛增加，Phyllis结婚生子，告别舞台。

这也是告别人生的舞台吗？不！

请看Phyllis的传奇经历：

50岁创立自己的服装品牌。

63岁成为一名飞行员，海湾战争期间担任运输机机务长。

70岁开始学习意大利语和法语，并且精通。

75岁时为了完成年轻时的梦想，学会了钢琴和作曲。

80岁开始学习探戈，并在各地进行演出。

85岁学习瑜伽和高空跳伞，在空中淡定地飞翔。

86岁还发行了自己的CD。

如今95岁的她，把自己活成了少女的模样，传奇还在继续！

Phyllis用自己的切身经历告诉我们：只要你确定了心中的目标，什么时候开始都不算晚！

第三课

确定目标

幸福人生

如果你想要快乐，设定一个目标，这个目标要能指挥你的思想，释放你的能量，激发你的希望。

——安德鲁•卡耐基

心理学家做过一次运动心理实验：

他们邀集了20个优秀的男子跳高运动员，这些人在正规比赛中都能轻松地跃过2.2米。四台高速摄像机对准了比赛现场，一切都按照常规赛制的程序进行，唯一的区别是：没有了起跳必须越过的那根横杆。

运动员们面面相觑：这是什么意思呢？

在心理学家的鼓励下，大家还算是竭尽全力投入到比赛中。比赛结束了，心理学家们根据摄像机拍摄的画面去丈量高度，结果却发现：所有运动员没有一人跃过1.8米。

2012年伦敦奥运会，男子跳高冠军是俄罗斯选手乌科夫，成绩2.38米。2016年里约奥运会，男子跳高冠军是加拿大选手德劳因，成绩仍是2.38米。实验中这20个优秀的男子跳高运动员，为什么比赛时都能跃过2.2米，没有了横杆却不能越过1.8米？

这就说明了，缺少富有挑战的目标，有些人会变得无所适从。而对于强者来说，遇到的阻力越大，激发的潜能也会越大。

那20个跳高运动员的目标，可能是乌科夫；而乌科夫和德劳因的下一个目标，则可能是2.4米。因此，人人都要有目标，人人都能激发潜能，人人都在努力进步。

一、以目标为引领

一名企业的员工开车送自己的老板回家。这天起雾，路上的车辆很多，走得有些慢。过了十几分钟，雾越来越大，路况都看不太清了。老板倒是并不着急，一边由着车子蜗牛似的在车流中爬行，一边和员工说着话。

他问："在这样的雾天开车，怎样才能更安全？"

员工说："只要跟着前面车子的尾灯，就没什么事。"

老板沉默了一会，突然问："如果你是头车，你该跟着谁的尾灯？"

员工听了为之一振：是呀，如果自己是头车，又有谁给自己引路？老板的言外之意，员工一瞬间就领悟了：一般情况下，你可以依靠上司，让上司拿主意，不用分担责任。可是特殊情况或关键时刻，你应该用自己的慧眼，看清前面的路该怎么走，用自己的头脑分析利弊，选择自己的方向。

目标和方向是引领前行的明灯，是付诸行动的前提，是激发潜能的条件，也是避免错误的保障。方向不明确，一切努力都是无用功；如果方向偏了，怎么做都是错误的，越努力反而会错得更严重。

任何前车的尾灯，也许要在下一个路口拐弯，或者因故障而抛锚，只是一路前行过程中暂时的参照物。对于强者和智者而言，真正的目标存于自己的心中，不管置身何处，要有"我就是头车"的胆识，永远记得自己想要去的方向；随时准备好超越的对象，首先是我们自己。

许多人能够自我教育，让生命的原动力非常明确而强大，并由此建立起坚强的行为体系；而另一些人，一生都在顺着天生的本能发展，他们所做的一切事情，无论是好是坏，都不过是一种顺其自然的表现而已。只有经过长期的自我教育、懂得自我修养的人，才能够表现得与众不同。这种自我教育的起点，是确立人生目标。

目标的确立，首先能帮助我们在意志上觉悟——我们要掌握自我人生的主动权。于是，才能化被动为主动，发挥意志的动力作用，把自己的生命掌握在手上，不断塑造和丰富成自己喜欢的类型。

目标是一路前行的旗帜和路标，是大海航行的罗盘和灯塔。没有明确的目标，一切行动都是“随波逐流”；没有远大的目标，一生都是别人的陪衬和附庸。用目标引领前进的方向、激励自我的行为、整合可用的资源、匹配科学的方法，人生之路便是成功之路。

有一位平凡的小城姑娘，靠自己的聪颖和坚持，10年间默默地发挥目标的引领作用，持续地给予自我正面的心理暗示，最终让自己出落得魅力无限，给了我们深刻而生动的启示。

话说一对农村兄弟到了结婚年龄，决定一起去小城寻找老婆，弟弟在街上见到一个女孩，觉得非常美丽，发誓要娶她。哥哥说，不怎么样啊。找遍全城也没有符合眼缘的女孩，于是就离开了小城。留下来的弟弟打听到，小城求婚有个规矩，聘礼要用牛，牛的多少表示女孩的美丽程度，一头牛是最不好看的，九头牛是最美丽的。

不过人们说，从来没有人用九头牛作聘礼。

了解到这个规矩，弟弟就去买了九头牛，来到女孩家求婚。女孩的父亲听完连忙摆手，自己的女儿最多值三头牛。说完就把门关上了。弟弟坚持要用九头牛娶回这个女孩。三天之后，女孩子的父母深受感动，终于把门打开。不久，就让他们完婚了，弟弟在这个小城里定居下来。

10年后，哥哥回到了小城，他找了很多地方也没有找到自己想要的女孩。在小城的桥头，他见到一个美丽妩媚的少妇，带着两个小孩在行走。哥哥被少妇的魅力深深吸引住了！来到弟弟家里，哥哥正要打听那个少妇的下落，弟弟的媳妇回来了，正是那个少妇。

哥哥万分惊讶，她为什么会变得如此美丽可爱？

少妇说出了心中的秘密。当初，弟弟坚持用九头牛娶她，她就一直用自己值九头牛的心态来生活，也一直以九头牛的标准要求自己。慢慢地，自己就变成了现在的模样。

当年的女孩用“自己值九头牛”的心态生活，其实就是一种良好的自我心理暗示，用“自己值九头牛”的标准恋爱、走路、说话、生儿育女，这才“变成了现在的模样”；如果女孩当初依照父亲“最多只值三头牛”的结论来生活，她还能变成今天的模样吗？

女孩的心态，在企业管理中叫“对标”，就是对比标杆找差距，把企业的目光紧紧锁定在业界的最好水平，从各个方面与标杆企业进行比较、分析、判断，学习他人的先进经验以改善自身的不足，从而赶超标杆企业，指明工作的总体方向。除了将业界的最好水平作为标杆，还可以将企业自身的最好水平作为内部标杆，通过与自身相比较，可以增强自信，不断超越自我，从而更有效地推动企业向业界最好水平看齐。

比如，《华为基本法》第二十二条提出：“我们将……在设计中构建技术、质量、成本和服务优势，是我们竞争力的基础。日本产品的低成本，德国产品的稳定性，美国产品的先进性，是我们赶超的基准。”

畅销书《秘密》揭示了“吸引力法则”：我们相信什么，就会去关注什么；我们关注什么，就会看见什么；我们看见什么，就会回过头来证明自己原先的想法是对的。一个人喜欢垂钓，与垂钓相关的事物他都会关注；一个人喜欢象棋，与象棋有关的书籍、信息他都会关注。吸引力让你就像是一块磁铁，充分吸收成长的养分。

总之是，运动员的眼中无标杆，个个发挥失常；众多个人和企业以目标为引领，最终获得成功。

二、认识目标的特征

目标是什么？就是把目光放长远，为未来设计美好蓝图。

无论这样的“蓝图”怎么呈现，是内心的一个重大决定，是贴在墙上的几张表格，还是打印出来的详细方案，都应该具有以下的特点：

目标必须符合实际

你希望成为刘德华第二，雄心壮志值得赞赏，但是，如果没有很好的艺术修养，不会唱歌，也不会演戏，更没有一个强大的团队来包装推广，那你所谓的雄心恐怕会成为一纸空文，甚至会陷入“无志者常立志”的无奈。别人看见你经常确立目标，但是最终却没有一个真正的目标。

人的目标可以多种多样：目标是有阶段性的，不同时期有不同的目标；目标又是兼容的，每个人不可能只有一个目标，而经常同时拥有几个目标。为了符合实际，一定要在设定前就排定优先顺序。符合实际意义的目标会对长期目标的实现有推进作用，并且为长期目标的实现奠定成功的基础。

目标要可以具体衡量

如果你是一位在校大学生，想学好一门专业课，除了精准地掌握好教材，你还应该多读一些该专业国内外泰斗级人物的专著，阅读若干篇本专业不同学术流派的论文，掌握本专业的最新学术观点和科研成果，了解本专业的实践现状和发展趋势。所有这一切，都应该有具体化的衡量指标。

大学期间应该珍惜美好时光和学习机会，充分利用学校师资和图书馆等各类资源，努力拓展阅读视野、提高学习效率，不仅让人生最关键的几年过得紧张、兴奋而充实，同时为成功而幸福的一生打下坚实的基础。

如果你认为这些说法难以具体衡量，有三点建议：

●当面请教学校内最知名的教授。

●向高年级里最优秀的学长认真讨教。

●尽量了解各名牌大学同专业学生在读什么书。

除了学好专业知识，大学期间还应该做到：

努力发掘你的兴趣，点燃你对某些学科、某一领域的激情。

充分了解你的个性，了解哪方面是你的强项，什么是短板。

发展技能尤其是发展你的潜能，有些能力你自己都不了解。

关注新兴学科，自己最感兴趣、对你有发展前途的领域。

形成适合自己的学习方法，你将终身使用，而且终身受益。

如果你是一位企业的部门主管，你期望本部门的每一个人都开心满意，那只能是你的一厢情愿，不能作为目标，因为这种期望无法具体衡量。数字化的目标才能做到心中有数，变成每天的行动方案。比如，你设定的部门目标是：在一个月之内，销售额要达到500万元，每人发放奖金2000元，这才会变成整个部门的具体行动力。目标实现了，则皆大欢喜；任务没有完成，也有数字依据可查，有利于下一个月努力改进。

学会用数字说话，是职业经理的一项基本功。

目标要富有挑战性

目标要在伸手可及的范围之外，又要在视野可及的范围之内，同时兼顾可行性和挑战性。比如：标准篮框离地面的垂直高度是3.05米，为什么不是1.8米？因为所有人都会百发百中，玩一回就不会再玩了；又为什么不是4.8米呢？因为永远投不中，也就没有人愿意玩。“跳一跳，够得着”，大家都能够接受，而且乐此不疲。

多大的挑战性是适宜的？当然是因人因时而异，有一条总的标准：属于事物的同一个性质，通过量变的积累最后可以完成的挑战。

目标要能够视觉化

一定要写下目标，才能加深强烈印象，进入到潜意识之中。因此，不妨把目标写在自己经常看得见的地方，或者制成图表，或者详细列出要点与程序，也不妨让朋友甚至对手知道你的目标，这将有利于提醒和激励自己，不敢有丝毫懈怠。

制定目标不仅让人产生动力与活力，还能让生活与工作变得精彩纷呈。

目标产生动力：即将达到令人兴奋的目标，将成为你巨大的动力。

每天充满活力：有了每天必须达到的目标，生活变得具有挑战性。

让自己更加努力：目标写下后，更容易让自己努力完成必需的任务。

更加具有组织力：把目标写出来，会使你一切都变得按部就班、有条不紊，帮助你消除心中的纠结，随时提醒你应该特别注意的重点。

将目标分解细化

怎样知道已经取得了进步？要在大目标下，建立一些循序渐进的小目标，就像在你前进的道路上，设置了一个个的里程碑。对照自己的总目标，可以每隔一段时间检查自己的进步，享受过程之中的成就感和愉悦感。人生在世，多数人都是随时在朝向目标持续前进。可是，如果目标过于远大而一时无法实现，就会容易丧失努力的冲劲。即使努力了，也很容易在中途松懈下来，这是因为缺乏成就感的缘故。

专业的马拉松选手，都是以每5公里为一个阶段来进行比赛的。起跑之后，调整自己的步伐，以5公里的目标点为追赶和超越的参照，到达之后再接着下一个5公里的路程。如此这般，将42.195公里的全部距离细分成许多路段。换一句话说，并不是一口气到达终点，而是每5公里设一个中间目标。

马拉松比赛跑到28公里左右最为疲惫，这时跑了全程的三分之二，放弃了很是可惜；可是，据大多数退赛者描述，那一刻身心涣散、万念俱灰，选择放弃几乎是毫不犹豫。有趣的是，实验表明：如果将马拉松的长度再延长，并告知运动员，结果令人惊异，无论延长多少，运动员都是在大约三分之二的地方，出现身心的极度疲惫。

从时间上说，假如你设定了一个年度目标，你可以再分别设定2个半年目标，4个季度目标，12个单月目标；同时，设立一个奖励自己的办法。这样的做法，能够让你始终拥有前行的动力、始终保持积极的心态。

从构成上说，就一个宏大的目标而言，有决定方向的理念，有统领全局的战略，有指导行动的战术，有补救意外的措施，有评判得失的标准，组成一个结构完善、功能齐备的整体。

要有强烈的愿望

对于达成目标不只是简单地想要，而是从内心深处强烈地渴望。如何让自己热切地渴盼呢？就是生动而形象地想象，目标达成之后会出现怎样的情形，会带来哪些连锁反应。能够生动地想象并且自我感染，达成目标会如同探囊取物，因为你会像热恋一样想要迫切拥抱对方。

现实生活中，我们经常发现身边的某些人，总是三句话不离本行，见缝插针忙于自己的事业。你可以想象和感觉到，在他们的内心深处，隐藏着多么强烈而持久的欲望。毫无疑问，这样的人不仅更容易获得成功，而且更容易获得满足，拥有幸福。

积极地预见成功

在事业实现之前预见它，运用预见的想象增强信念，是众多成功者的策略。就是说，目标一旦确定，要充分发挥你的想象力，甚至预见到目标实现时的具体细节，组合成一个清晰而强烈的图景，贯穿于你向目标奋进的过程之中，给你的行为带来巨大、持续的动力。

你将自己的预见变得如此的强烈，以至于当你真正实现自己的目标之后，会有一种似曾相识的感觉。因为你在想象中经历过千遍万遍了，不知不觉中，你已经将想象的图景变成了客观的事实。

为什么有些人会那么淡定？无非是他经历过、想象过。

三、如何设定目标

不忘初心，方得始终。人的一生，要有足够的勇气坚持初衷；能够获得成功的人，大多数是能将信念坚持到最后的人。所谓“初心”和“初衷”，都是指心中最初的愿景与目标。

美国前副总统戈尔在书中讲述了一个小故事：

戈尔夫妇抱养了一条小狗，请他们的驯狗师朋友帮忙训练。驯狗师朋友说：“好啊！但是训练之前，我要问一个问题：这条小狗的目标是什么？”

夫妇俩你看看我、我看看你，心想一条小狗的目标当然是做狗了，肯定不是猫吧。驯狗师的脸色严肃起来了：“既然你们不知道这条狗的目标是什么，那就抱它回家吧，我不能训练没有目标的狗。”

朋友的话，让戈尔夫妇通宵未眠。后来，他们的讨论结果是——夫妇俩有四个孩子，他们希望这条狗白天和孩子一起玩，晚上能够看家护院。

戈尔夫妇又找到了驯狗师，说出了他们的想法。经过训练，这条狗果然白天跟孩子们一起玩，晚上就看家护院。

戈尔后来说：“我常常在想，一条狗都要有目标，何况是人。”

狗是人的宠物，人是目标的设定者和执行者。

首先，设定哪些目标

●设定核心目标：一个目标实现了，其他的目标也跟着实现；一个目标实现了，就可以解决众多问题，这样的目标就是核心目标。核心目标是目标群中的统帅与旗帜，引领人们全力以赴。核心目标是必须实现的目标，一旦确立就不宜再更改；否则，会影响到整体、全局和本质。

●设定主要目标：一个人会有多种兴趣、爱好和欲望，也拥有多种机会与条件。许多时候，事业、情感、健康、家庭等不同领域的目标，几乎是各有侧重而平行推进的。追求成功的人，至少在一段时间里，一定要在众多目标中选择一个主攻方向。当然，因为条件的重大变化，主要目标与次要目标也有可能需要互换。

麻省理工学院教授丹•艾瑞里认为：人们在面对多个选择时，即使明知其中一项可以获得最大成功，他们也不愿意轻易放弃其他选择。原因是我们的大脑，对于风险天然是排斥和抗拒的。所以，能够获得巨大成功的人很少，只有他们能克服那种心理上的本能。

●设定终极目标：每个人的人生观与价值观，都会引发出一生的终极目标，也就是，唯一的人生要成为怎样的人、享受怎样的生活、达到怎样的境界。有了人生的终极目标，人们能识别误入歧途的观念，会拒绝引向岔路的诱惑，坚持以最高境界为车头，让自己成为自己的头车，调动一切力量和全部资源，去完整地掌握自己的生命航向，每一天都坚定地朝此迈进，坚持到底，不断地自我实现而又自我超越，使生命充满意义。

美国行为学家吉格勒，通过研究众多的个人与企业行为，提出了吉格勒定理：设定一个高大目标，就等于达到了目标的一部分。气魄大方可成其大，起点高才能至其高。有远大的目标，能逐渐形成良好的工作方法，养成理性的判断法则和工作习惯，从而拥有超常的工作效率和出众的眼界品位。

制定目标很容易，困难在于如何设定正确的目标；因为，不切实际的目标产生的是失败感和挫折感，耗费的是时间资源、机会成本与个人心智。

其次，如何正确设定目标

只有正确的目标，才是人生的航标灯。

第一，真实需求。因为父母逼迫才肯读书、因为羡慕同事而去匆忙考证、因为偶然听说开网店赚钱便冒险一试，出发点都不是自己的真实需求与兴趣，难以成为主动、明确的目标。内心深处欲罢不能、念念不忘的渴望，才是确定目标的起点。

第二，现实能力。无论因为什么选择和确定了目标，紧接着的问题是，帮助你达成目标的资源在哪里？自己具备的能力是什么？只有分清了主观与客观两方面的有利与不利条件，才能真正做到对症下药。

第三，适当难度。明天就会送货上门的网购、10年也难拔地而起的高楼，都不是你应有的目标。什么叫适当的难度呢？用一句话说就是，既不是易如反掌，也不是难于登天，努力奋斗才有实现的可能。

第四，实现期限。时间可长可短，规划一目了然。

那么，目标的具体内容是什么？可以采用以下方法来确定。

第一步，在以下的清单中，找出5种目前最重要的：

□成就感	□金钱与财富	□能力提升
□忠诚	□适当冒险	□探索创新
□合作共赢	□迎接挑战	□深化友谊
□安全感	□价值与意义	□学习与培训
□爱心	□守护家庭	□宗教
□智慧	□自由享乐	□拥有权力
□被爱	□独特而卓越	□洞察力
□深度融合	□健康计划	□旅游

□优越感	□深度体验	□强大的力量
□深情的回忆	□更加专业	□严密控制
□重大改变	□释放激情	□影响力
□快乐	□责任	□守护自尊
□好奇心	□快速成长	□刺激
□使命感	□完美	□幻想
□美	□独特技能	□脱单
□轻松愉快	□孝顺	□保持纯洁
□觉醒	□慈善	□平常心
□顽强坚守	□亲密	□闭关修炼
□ ____________	□ ____________	□ ____________

第二步，选择5个重要目标后，展望美好：

对我来说，____________ 会为我带来 ____________________________。

对我来说，____________ 会为我带来 ____________________________。

对我来说，____________ 会为我带来 ____________________________。

对我来说，____________ 会为我带来 ____________________________。

对我来说，____________ 会为我带来 ____________________________。

第三步，5个目标的重要性排序：

第一重要的是：_________________。

第二重要的是：_________________。

第三重要的是：_________________。

第四重要的是：_________________。

第五重要的是：_________________。

第四步，挖掘痛苦：

如果 ________ 不能实现，我的痛苦是 ____________________ 。

如果 ________ 不能实现，我的痛苦是 ____________________ 。

如果 ________ 不能实现，我的痛苦是 ____________________ 。

如果 ________ 不能实现，我的痛苦是 ____________________ 。

如果 ________ 不能实现，我的痛苦是 ____________________ 。

第五步，目标宣言书：

1年目标：________，实现期限：________，实施计划 ____________ 。

3年目标：________，实现期限：________，实施计划 ____________ 。

5年目标：________，实现期限：________，实施计划 ____________ 。

小痛苦扰乱心智，大痛苦改变命运！清晰而富有魅力的目标，是自己前进的方向和动力，让你充分燃放生命激情，迸发令人惊奇的潜能，就像埋藏在内心的火山，气势如虹，不可阻挡！

再次，循序渐进设定目标

以下是美国耶鲁大学提出的建议，设定目标的七个步骤：

步骤一：将目标具体化。

比如，广大百姓念念不忘的渴望有一个：“一定要有自己的房子！”

步骤二：列出目标价值。

买了房子的好处多的是：能够按照自己的意愿装修与布置、心不再悬空、生活品质大提高、有了家的归属感与安全感、有一个安静的书房、岳父岳母瞧得起、有舒适感的个人空间、能够半夜随意夜宵、不再担心地沟油……甲乙丙丁、一二三四、ABCD。

步骤三：列出目标障碍。

存款可能不够、房价肯定太高、众多楼盘难取舍、家人意见不统一、地段户型楼层有瑕疵、选择哪个银行按揭、调控政策的力度、房市价格的拐点何时到来等，一一列举。

步骤四：查阅相关资讯。

比如，附近正在售卖的楼盘信息、开发商相关背景、与上班地点的距离、周边的交通教育购物环保与安全环境、银行按揭的知识与手续、亲友的建议、其他购房者的经验、装修的初步构想、车库与停车位、业主委员会的QQ和微信群、购买水电气时要不要带上氧气瓶甚至心脏起搏器等等。

步骤五：列出有利因素。

大多数情况下，如果依靠自己一个人很难达到目标，就应该将寻求支持的对象和内容一并列出，做到未雨绸缪。

上述二至五步，很难一次罗列完，需要反复思考、不断补充完善。

步骤六：制订行动计划。

一定要有一个具体、详细、可行的行动计划。

步骤七：制订目标期限。制订时间表，拟定达成目标的期限。

有实现时限的才能叫目标，没有时限的只能叫梦想。最好同时有两张时间表：顺延的和倒推的。顺延的时间表有明确的计划，如果三个月后要拿到新房的钥匙，每月、每周、每天干什么一目了然。可是，人总是有一种惰性，今天没有做完的事，总想着还有明天，如此就有可能让问题堆积如山，打乱原有计划。倒推的时间表给人执行的压力，计划内特定的内容，都必须在约定的时间内坚决完成，对自己毫无情面可讲；否则，就有可能功亏一篑。

中国的房地产行业是如此的特殊，如果把购房的步骤和技巧研究透彻了，既有利于自己和家人买房，还有可能在房地产领域就业。无限叠加“肤浅的全面”，其结果永远是肤浅；而多次重复“深刻的片面”，就能拥有深刻，同时也不断地趋于全面。将一件事情进行到底，精心解剖小麻雀，自己的知识结构、决策能力和内心感悟，都会产生质的变化。

那么，就用上述步骤，立即设定一个心中渴望已久的目标吧！

第一步，将目标具体化：________________________________。

第二步，列出目标价值：________________________________。

第三步，列出目标障碍：________________________________。

第四步，查阅相关资讯：________________________________。

第五步，列出有利因素：________________________________。

第六步，制订行动计划：________________________________。

第七步，制定目标期限：________________________________。

最后，坚持目标ABC原则

心理学里有一个“糖果实验”，实验对象是4岁的小孩。首先给小孩两个选择：第一个选择是可以立刻吃一颗糖，这是属于“立即满足”；第二个选择是可以吃两颗糖，但是必须等一位大哥哥出门再回来，而等待的时间是不确定的，这就属于“延迟满足”。

最后的调查发现，选择两颗糖的小孩，长大以后往往比较有成就。这是因为当小孩选择了“延迟满足”，就必须在等待中学习忍耐，想办法让自己转移注意力，让等待的过程不那么难熬。由此可知，延迟的过程可以训练一个人产生高EQ（情感智商），而拥有高EQ的人，当然能够把事情处理得比较稳妥有序。

延迟满足可以提高情商，延迟决策可以提高准确性。

如果不允许延迟决策，也必须坚持目标ABC原则：

A=必须做的，B=应该做的，C=不值得做的。

执行目标ABC原则，就是要通过重要性的对照和比较，确定A、B、C的优先序列，A项才是重中之重，必须立即贯彻执行。

计划中A、B、C的优先顺序是可以改变的，今天看来重要的事项，明天就可能变得不重要了；同样，今天不重要的事情，明天可能会变得非常重要。所以，要根据不断变化的实际情况，适当地加以调整和修正，以便于把时间、精力和资源真正用在最重要的目标上。

四、设定职业目标

在我国的历史长河里，或许只用两句话就可以概括人生的职业方向：第一句是“万般皆下品，唯有读书高”；第二句是“学而优则仕”。改革开放之后，市场机会多多，人们纷纷“下海”，经商弄潮，似乎仍然谈不上真正的职业规划。直到高校扩招人满为患，加上成功学汹涌而来，才开始有了“职业生涯规划”的概念与意识。

让我们去美国哈佛大学看看。

众所周知，哈佛大学是世界顶尖学府，一共出过8位美国总统、44名诺贝尔奖获得者，被誉为美国政府的思想库。哈佛大学拥有90座图书馆，藏书总量超过1500万册，是世界第五大图书馆；也就是说，哈佛大学的图书馆藏书量，超过了200个国家级国立图书馆藏书量。哈佛大学十分强调战略眼光，为自己的未来投资。下面挑选九句哈佛名言，与大家共勉：

今日不走，明天要跑。

勿将今天的事拖到明天。

狗一样地学习，绅士一样地玩乐。

投资未来的人，是忠于现实的人。

成功来自彻底的自我管理和毅力。

即使现在，对手也在不停地翻书。

幸福或许不排名次，但成功必排名次。

觉得为时已晚的时候，恰恰是最早的时候。

此刻打盹，你将做梦；而此刻学习，你将圆梦。

这些名言广为流传，也让我们明白哈佛的成功绝非偶然。哈佛大学曾经进行过以下一项跟踪调查，时间跨度长达25年，调查的对象是一群在智力、学历和环境等各方面条件相当的在校大学生。

调查结果发现：

A. 3%的人拥有清晰而长远的目标。

B. 10%的人有着清晰但比较短期的目标。

C. 60%的人目标模糊。

D. 27%的人没有目标。

25年之后，哈佛再次对这群学生进行了跟踪回访。

结果是这样的：

A. 3%的人在25年间朝着一个方向不懈努力，几乎都成为社会各界的成功人士，其中不乏行业领袖和社会精英。

B. 10%的人短期目标不断实现，成为各个领域中的专业人士，大多数生活在社会的中上层。

C. 60%的人安稳地生活与工作，但没有什么特别的成绩，几乎都生活在社会的中下层。

D. 剩下27%的人生活没有目标，日子过得很不如意，他们总是在不停地抱怨他人、抱怨社会，当然也抱怨自己。

ABCD四种结果的首要差别在于：25年之前，A、B尤其是A已经知道，自己真正想要的是什么；而C和D则不清楚或不很清楚。可以说，A和B充分拥有了“目标导向式”思维模式：做任何事情都是从目标出发，根据目标的要求，规划实现目标的路径，明确实现目标的条件，并且在实际工作中努力去发现、借助和创造实现目标的条件，按照路径一步步推进从而最终实现目标。这是一种反向思维方式，是一种倒推法，倒推资源配置，倒推时间分配，链接战略战术，链接方法与手段。天下的菜只要能够为我所用，就是我的菜，不必拘泥于现在是在篮子里面还是在篮子外面。

ABCD四种结果的次要差别在于：25年以来，A、B尤其是A非常明确，坚决去做的应该是什么。完全可以想象，他们尽量调动资源、讲究科学方法、坚决付诸行动；25年的坚持，需要严谨的自律和严格的自我管理。

这个调查生动地说明了，明确生活与事业目标对于人生成功的重要意义。让我们掌握目标导向式思维模式，分辨出自己“真正想要的”和“坚决去做的”具体内容，决胜职场。

职场是人生主战场

谁也无法回避职业生涯。职业生涯规划既包括如何选择职业，也包括如何在现有职位上谋求发展。那么，在可以自由选择的前提下，首要的问题是：为什么工作？为什么跳槽？这是职业生涯规划的起点。实际上，人们的职业选择主要围绕着习惯支点、薪酬支点、发展支点和兴趣支点四个方面：

●习惯支点：只是因为已经习惯了目前从事的工作，也就朝九晚五地对付着。严格地说，这种情形并不足以成为一种支点，因为已经谈不上职业规划，完全只是一种被动的、消极的态度。以习惯为支点，既不是特别在乎薪酬，也不会关心发展趋势或兴趣满足。

这些员工最容易被职场淘汰出局：

故步自封，缺乏创新的点子。

作风保守，缺乏学习意愿。

依赖公司资源，缺乏开创能力。

善于做表面文章、粉饰太平。

喜欢在组织中搞派系斗争。

行动迟缓，无法当机立断。

得过且过，浑水摸鱼。

不能提拔后进，无法掌控部属。

不善于提供信息并掌握趋势。

只求自我表现，无法团队合作。

●薪酬支点：立足于收入的多少来规划职业生涯，把薪酬作为主要的导向。总是在想：能不能找到一份薪酬更高的工作，一有获取高薪的机会就想跳槽。这种人常常忽略了自身的成长，等到遇上职业瓶颈，薪酬没有了增长空间，技能又没有学到多少，身价就有可能越来越低。

在知识更新越来越快的当今时代，如果一直以薪酬为导向，其实是一种只重现在不看将来的短视行为，难以获得事业上的持久成就感。

●发展支点：立足于自身发展、企业发展或行业发展来规划职业生涯。这种人会以自身进步为导向，即使对所从事的职业、行业暂时并不喜欢，薪酬也不高，也会努力做好。对个人来说，从中获取的经验、技能与机会最为重要。这些收获将让你增值，帮助你最终成为职场上的硬通货或抢手货。

当然，这样做需要不断挑战自己的忍耐极限，鞭策自己咬牙坚持。因此，必须提前作好两种准备：承受工作中的各种压力，承担对企业或行业发展判断失误的后果。

以下员工容易成为企业的宠儿：

责任心强，能为自己的表现负责。

善于吸收信息并主动发布有益信息。

广结善缘，人脉充沛。

有高度的学习热忱，积极吸收新知。

能不时提出顺应企业需求的弹性创意。

对工作具有旺盛的上进心。

能与工作团队保持良好的合作默契。

反应灵活，行动有效率。

敢于提出改正建议。

有高度反省力，能随时修正自己的观点。

●兴趣支点：立足个人兴趣规划职业生涯，以身心快乐为导向。并不一定在乎眼前的薪酬多少，也不在乎将来能获得什么地位与荣誉，能找到喜欢的职业、能享受工作的过程，就会对工作投入极大的热情。

小米创始人雷军认为："我觉得最好的管理就是不用管理，所以公司一定要找能自我驱动的人，自愿加入的人，不需要被管理的人；如果他自己上杆子要干这件事，管理者唯一要做的事情就是梳理业务。"

简单地分类，企业员工无非是以下四种：

能力高，态度好，企业的骨干。

能力低，态度好，培养的对象。

能力高，态度差，将酌情慎用。

能力低，态度差，坚决淘汰掉。

你属于哪一种呢？你又站在什么位置？总有一些人不明白，为什么他们的生活总是黯淡无光，目标总是遥遥无期。真正的成功者，不会把时间浪费在毫无意义的事情上；他们知道，只有把热情投入到适合自己的工作之中，生活条件、工作面貌和精神状态等，才会随之发生深刻的改变，才会引领自己进入成功者、幸福者的行列。

有两种职业态度，是职场中的楷模：

●展示的舞台：信奉人生成功首先体现于事业成功，投入最主要的时间与精力，对职业与职位有深厚而强烈的感情，有长期而明确的规划，是单位的顶梁柱、掌舵手甚至行业的带头人，职场成了个人的演练场。

●快乐的源泉：享受工作、享受自我、享受过程、享受快乐，也享受奋斗的成果，不失为职场的最高境界。有此职业境界的人们，因为人生观念确当、处事方法高明、情绪商数超群，从而带来幸福指数高涨，无论其最终的事业成就如何，他们的人生都是成功的。

身在职场中的我们，要增加冗余备份。

何为增加冗余备份？就是与时俱进地学习，成为“T”字型人才。

“T”字的一竖：代表“所在领域”，就是你要尽力成为你所在领域里很难替代或无可替代的人。

“T”字的一横：代表“知识面”，就是同时你要尽力拓展知识面，成为一个拥有横向整合能力的人。

只有你成了“T”字型人才，你才能拥有冗余备份来应对意外。

用罗振宇的话说就是：U盘化生存，随时能插到下一台计算机上工作。

该做什么——是人生的使命，亲友的期盼，工作的职责。

想做什么——是自我的定位，兴趣的驱动，内心的呼唤。

能做什么——是个人的素质，资源的合力，身处的平台。

将做什么——是待发的弓箭，直面的现实，当下的使命。

创业的启示

有一位省长在“两会”期间告诉李克强总理：“有一次，我在路上看到几个年轻人，拿着手机聊天，边玩边晃，我就忍不住上去问他们：‘你们毕业了吗，怎么不去工作呢？’年轻人的回答是：‘我们正在工作啊！’”

近年来，中国已经形成“大众创业，万众创新”的新局面，推动中国经济保持中高速增长、迈向中高端水平，打造中国经济升级版。

企鹅智库的调查发现：在职者中，51.9%的市场人员、51.4%的管理者、48%的技术人员、46.8%的高管和41.1%的文职人员都有创业的想法。对创业的蠢蠢欲动，几乎覆盖了各个阶层和所有职业。

那么，创业者应该具备的基本品质是什么？

美国经济学家熊彼特将“企业家精神”定义为：第一，首创精神；第二，成功欲；第三，甘冒风险、以苦为乐；第四，精明理智；第五，事业心。

IDG资本创始合伙人熊晓鸽表示：每一个创业者、投资公司或投资人，都在二八定律中做挑战，希望成为20%中的一员。熊晓鸽还表示，选择所要投资的创业项目，基本上就是赌创业者这个人。“要做一些分析，调查创业人的过去，看执行能力、应变能力、个人魅力等等。而所谓个人魅力，就是能把一些很强的人，甚至是比他自己更厉害的人吸引到他的周围，他就会成功。我们的判断不仅仅是感性的东西，还要看他的理性思维、情商智商的判断，再加上注重他身体的状况，要有一个超强的体魄。”

雷军不仅是小米科技创始人、董事长兼首席执行官，也是中国大陆著名天使投资人。他介绍小米“七字诀”——“专注、极致、口碑、快”，一共总结出小米的十条经验，对“小米模式”进行最精简的描述，对于准备创业或已在创业的人具有很好的启发性：

●大市场。做一个产品需要有足够大的市场。

●单品。做单品，而不是做品类。

●制高点。态度要足够的好，做不了苹果，但态度要比苹果更好。

●专家。一定要有专家顾问，但不要让他们背任务，只出点子。

●真材实料。尤其注重产品细节。

●销售价就是成本价，先做行业的成本价，再摧毁行业的成本价。

●用户是朋友。把用户当朋友，他们才会主动为你做营销。

●设计思路让用户参与。

●你做的产品你都用过。

●尖叫。超出用户预期。

创客总部创始人陈荣根告诉大学生，创业最需要考虑的是三件事：方向、团队以及切入点。创业一定要符合产业或社会的发展趋势，激情和理想必不可少，创业者需要目标高远并意志坚定，初衷一定不是为了挣钱，而要怀着重构或者颠覆一个行业的心态，找到一个细小的切入点做到极致。

近年来创业热潮风起云涌，互联网大佬对自主创业的建议有：

●要有用户思维：在价值链的各个环节，都要“以用户为中心”；只有深度理解用户才能生存。没有协调，就没有协议；没有认同，就没有合同。

得“草根”者得天下：成功的互联网产品都抓住了“草根一族”的需求。让用户成为产品的一部分，和用户连接在一起。QQ、百度、淘宝、微信、YY、小米，无一不是携“草根”以成霸业。

强调参与感：其一是按需定制，满足用户的个性化需求，如海尔的定制化冰箱；其二是在用户的参与中优化产品，粉丝是最优质的目标消费群体，让粉丝投票，让用户参与品牌传播。

体验至上：从细节开始，给用户带来惊喜，超出用户预期。

●要有平台思维：就是开放、共享、共赢的思维，其精髓在于打造一个多主体共赢互利的生态圈。全球最大的100家企业中，有60家的主要收入来自平台商业模式，如苹果、谷歌等。未来的平台之争，一定是生态圈之间的竞争。百度、阿里、腾讯三大互联网巨头围绕着搜索、电商、社交各自构筑了强大的产业生态，后来者是很难撼动的。

互联网巨头的组织变革，都是围绕着如何打造内部“平台型组织”：阿里巴巴分拆为25个事业部、腾讯调整为六大事业群，都是旨在发挥内部组织的平台化作用；海尔将8万人分为2000个自主经营体，让员工成为真正的“创业者”，让每个人成为自己的CEO。

●要懂得合伙人制度：合伙人是企业经营者也是所有者，承担无限责任，在经营活动中能够自我约束、控制风险，享有企业经营所得，对经营亏损共同承担责任，充分体现了激励与约束对等的原则。

同时，由于出色的业务骨干拥有被吸收为新合伙人的机会，合伙人制度可以激励员工进取和对公司保持忠诚，推动企业进入良性发展的轨道。因此，合伙人制度在当前已经盛行。

五、以恋爱的方式管理目标

真正成功的人生，是为他人创造价值的人生。

真正成功的企业，是为客户创造价值的企业。

我们建议，要以恋爱的方式来管理目标：爱情与目标有诸多的相似性和可比性，爱情本身就是一种艰难而美丽的目标；不管爱人还是被爱，相信每个人都体验过爱情中那种美丽的忧伤和幸福的惆怅，那种深刻的孤独与博大的悲悯，那种长久的期待与瞬间的心动。

这些感受，也正是实施目标的心理体验。

相互匹配

有一句老话：门当户对，表达的是婚姻的对等原则，即社会地位与财富相当的人在一起容易得到幸福。不同阶层的人拥有不同的价值观、生活习惯、道德规范、思想方式与情感特点，在学习和适应婚姻的成长性之前，关注双方文化、性格、财富等的差异性与匹配性，对于渴望组建家庭的各色人士，既具有操作可能也富于指导意义。

设定目标同样如此，必须与个人的资源、兴趣、能力、方法等有基本的匹配性；否则，就会变成无源之水、无本之木，徒然浪费时间与精力。当然，这种匹配性应该是动态的，环境、条件、资源与平台变化了，目标也随之前移或者扩大，永远引领自己面向前方。

勇敢追求

当今时代，谈恋爱的方式多种多样，自由恋爱、亲友牵线、联谊交友、网络征婚、博客纳贤、下载交友软件均无不可。无论何种方式，既要讲究方法又要有足够的勇气，抛弃扭扭捏捏的女儿情态和浅尝辄止的被动心理，慎重发现他，逐渐接近他，全面了解他，与他的同事朋友家人去聚会去唱歌去郊游，看似漫不经心其实成竹在胸，既旁敲侧击又正面出击，态度友好人格独立，把握分寸见招拆招……一套让人眼花缭乱的组合拳之后，对方晕哉休矣！只好乖乖地举手，投入你热情的怀抱。

如果能以同等的勇气和方法对待目标，何愁目标不能达成？

独占欲望

排他性也称独占性或专有性，是指排斥他人消费的可能性。假如你在使用一件产品，则别人就不能使用；或者当你能完全拥有一件产品时，别人就不能拥有。男女热恋双方都有强烈的独占欲，不能忍受第三者插足，因此才会出现爱情中的猜疑心理、控制心理与嫉妒心理。如果有一方甚至双方都违反了排他性，或者无法消除这三种负面心理，曾经的美好就会烟消云散。

好在目标不会吃醋。相反，如果让正在实施的目标也具有排他性，目标就成了聚集你全部正能量的宠儿和不可替代的佳偶，方向明确、火力集中、以身相许，自然更容易实现。

密切沟通

男女之间天生存在着巨大的性别差异，加上个人的成长经历、生活方式、婚姻价值观的不同，只有经过无数次密切沟通，才能达到全面、深入和细致的了解。换言之，良好的沟通，使恋人之间的差异变成资源，体现为完美的互补；拙劣的沟通，则可能使差异凝固成无法逾越的鸿沟。关键在于，彼此之间是否有足够的尊重与宽容的心态，以及灵活多样的沟通艺术。

目标的设定、分类与特点，目标的管理、实施与激励，都是目标设定者本人的兴趣、资源、能力、性格与定位的具体化，是自我与目标之间的立体匹配、私相授受、缘定终身。设定目标的7个步骤、目标具有的多种特点，都是在与目标渐进地、充分地沟通。

倾心付出

爱情与目标都需要全心全意地倾心付出，三心二意或者朝三暮四都只会与爱人或目标渐行渐远。当然，有信心、热心与恒心，一心一意又柔情蜜意，这样的“三心二意”是值得大力提倡的。

爱上一个人只需要一瞬间，爱好一个人却需要一辈子。只要爱人或者目标是真正适合你的，就应该专心致志，总会一分耕耘一分收获，忘我地付出与默默地坚守，终将获得丰厚的回报。心理能量同样守恒，许多人心力不稳，这山望着那山高，其结果也许是，到了那山更糟糕。因此，就应该严谨自律，提前预防而尽量避免。

长相厮守

日久生情，长相厮守的爱情，会变成具有血缘纽带的亲情；长相厮守的目标，会变成不离不弃的追求和日益显现的成果。在许多成功人士的心里，事业是第二个爱人，家庭是第二份事业，美满的爱情有助于事业拓展，事业的成功也有利于家庭幸福。

星云大师说："伟大艰巨的工作，皆由坚持忍耐而完成；光明灿烂的前途，皆由精进不懈而圆满。"不能因为激情消散、审美疲劳或七年之痒，自己就打退堂鼓；而应该相伴相随，学会在厮守中创新。与一个毫无匹配性的爱人或目标长相厮守，既不明智也徒劳无功。长痛不如短痛，应尽快抽身调整。

时刻反省

持续力可以来自外界，原动力只能来自内心。爱情惧怕激情消退之后的审美疲劳，目标惧怕实施过程之中的动力不足。凡人皆有缺点，目标恐有不足，都需要在动态博弈中经常反省自我，找到进一步改善和提高的良方。

改变他人不如调整自我，降低目标不如加强行动。反省的目的不是为了否定牵手的恋人或原初的目标，而只是对自我的修正和对计划的完善。如此，爱情之花常开，目标稳步推进。

享受美妙

人海中一定有一个异性，是最适合你的。

职场上一定有一个位置，是最适合你的。

可是造化弄人，把每个人的另一半隐藏在茫茫人海之中，许多人要费时多年去寻找。遇不到心爱之人，找不准前进之路，都将令人生出现缺陷，使人遗恨。此心安处是吾乡。好在，拥有刻骨铭心的爱情，达成朝夕相处的目标，那一刻的巨大成就感，都令人激动、欣喜、陶醉；也正是这种美妙无比的感受，吸引着人们为了爱情和目标，跋涉万水千山，勇敢追求。

柳传志先生说："在生存的基本条件满足以后，不断设立新的目标，追求目标的过程和达到目标后的愉快，都会让我感到幸福。"李开复强调："真正的成功，不是简单地复制别人的成功之路，也不是盲目地追随某种社会风潮。要想取得真正的成功，必须首先做一个诚信为先的人，并需要付出足够多的努力，在不断学习和不断与人交流中，找到真正属于自己的人生目标。"

套用《瓦尔登湖》作者梭罗的一句话："爱是无法治疗的，除了更深地去爱。"我们应该说：目标是不要轻易改变的，除了更好地去执行。

心灵的相互吸引与共同成长，是爱的本性诉求与真实面目。爱情是超越利益的情感渴求，目标是抵达幸福的人生航标。无目标的努力，如在黑暗中远征；有目标的奋斗，让人生充满意义且富于价值。

六、知名企业的目标管理

企业界流行一种说法：三流企业卖产品，二流企业卖技术，一流企业卖服务，超级企业卖标准。优秀的企业数之不尽，必有其成功的秘诀与道理。

确定目标，是做正确的事

企业界非常强调“做正确的事”和“正确地做事”。做正确的事，是确定方向和目标，如果方向错了就会劳而无功，越是努力反而越会离成功更远。正确地做事，就是围绕目标来做事，寻找最佳方案与方法，什么事情对达成目标有益就多做，反之就少做或不做。

确定了正确的目标，必须加强管理。心理学认为，人们的行为都有目的性，任何行为都是为了达到某个目标。合适的目标能规定行为的方向，驱使一个人的各种行为努力趋向预定的目标。

在企业管理中，通过设置目标来激发动力、指导行为，使个人的需要与团队的目标结合起来，从而调动人的积极性，这叫作人事管理中的目标激励。因此，企业目标的设置，要与个体的切身利益密切相关，吸引员工积极参与，虚心听取员工的意见，在员工中进行广泛宣传，让员工看到企业的前景。

目标管理，是正确地做事

企业的目标管理由美国的管理学家彼得•德鲁克提出，是指在所有员工的参与下，由下级与上司共同决定具体的绩效目标，自下而上地保证实现目标，定期检查进展情况。

企业的目标管理，一般分为四个步骤：

●制定目标：先从企业的最高主管部门开始，由上而下地逐级确定目标，按级顺推下去，一直到作业层的作业目标，从而构成一种锁链式的目标体系。强调由高层提出，各层级协商讨论，使目标趋于一致。

自上而下，环环相扣，人人了解。

●明确责任：目标体系应该与团队结构相吻合，使每个部门都有明确的“分目标”，每个“小目标”都有人明确负责。也许，团队结构不是预先按照目标体系建立的，经常会出现张冠李戴、乱点鸳鸯谱的情况，从而导致对团队结构的调整。在这个意义上，目标管理还有助于弄清楚组织机构的作用，使之更加完善和高效。

责任明确，分工协作，奋勇必达。

●组织实施：完成目标，主要依靠执行者的自我管理与自我控制；上级的管理主要表现为，只对意外发生的重大问题进行指导和协助，提供情报并创造良好的执行条件。比如，华为倡导“全营一杆枪”：每个岗位、每个角色，不断追求把自己的工作做得更好；同时还要看自己对他人的贡献，“胜则举杯相庆，败则拼死相救”，体现出集体智慧与协作精神。

上下协同，互相支撑，齐头并进。

●检查评价：对各级目标的完成情况，事先规定完成期限，定期进行检查。检查的方法可以采用自检、互检或责成相关部门完成。检查的依据就是事先确定的目标。对于最终结果，应当根据实际情况进行评价并给予奖罚。

科学评价，奖优罚劣，及时改进。

经过四个阶段的循环往复，不断提高管理的质量。

由此可见，目标管理有五个方面的优点：

●形成激励：当目标成为团队的每个层次、每个部门和成员所期待的一种结果，且实现的可能性非常大，就成为每个成员的内在激励；当这种结果实现时，如果团队还有相应的报酬，目标的激励效用就更大。

●提高效率：在目标管理方式中，一旦目标确定，如果并不硬性规定各个层次、各个部门及组织成员完成各自目标的方式、手段，反而给了大家一个发挥主观能动性的机会，能有效地提高组织管理的效率。

●任务明确：目标管理能使组织各级主管及成员，都明确组织的总目标、组织的结构体系、组织的分工与合作以及各自的任务。明确的职责，使各级主管逐级放权，使各位成员各负其责。

●自我管理：一方面，组织成员都参与了目标的制定，并取得了组织的认可；另一方面，组织成员如何实现目标，主要由他们自己去决定，从这个意义上看，目标管理实际上是一种引导组织成员自我管理的方式。

●控制有效：一个组织有一套明确的可考核的目标体系，其本身就是进行监督控制的最好依据。目标管理将总目标进行分解后，组织高层要定期组织检查、进行评比，如果有偏差就及时纠正。

当下，目标管理成了众多企业的管理模式。

在通用电气、戴尔、惠普、西门子、索尼、东芝、华硕等众多跨国企业的管理实践中，有一个一再被证明卓有成效的“六西格玛管理法”。其目标是：减少缺陷、提高产量、提高客户满意度、较高的净利润，既着眼于产品与服务质量，又关注过程的改进；核心理念是追求零缺陷生产，防范产品责任风险，降低成本，提高市场占有率、顾客满意度和忠诚度。

六西格玛管理法，由摩托罗拉公司比尔·史密斯于1986年提出，其目的是设计一个目标：在生产过程中降低产品及流程的缺陷次数，以四西格玛为例，相当于每100万个机会里只有6210次误差，以此防止质量下降，提升产品品质。如果企业不断追求品质改进，达到六西格玛的程度，将几乎完美地满足市场与顾客的要求。

通用电气公司前CEO杰克·韦尔奇说："如果通用公司不能在某一个领域坐上第一或者第二把交椅，通用公司就会把它在这个领域的生意卖掉或退出这个领域。"正是因为这样的想法，通用公司一直以高质量的发展方式来运营，成为商界学习的楷模。

湖南三一集团自成立以来，一直秉持"创建一流企业，造就一流人才，做出一流贡献"的企业宗旨和"品质改变世界"的经营理念，精心研制出世界第一台全液压平地机、世界第一台三级配混凝土输送泵、世界第一台无泡沥青砂浆车，连续创下单泵垂直泵送混凝土406米、492米的世界纪录。其自主研制的66米、72米世界最长臂架泵车，又两次创下吉尼斯世界纪录，实现了对本行业技术的多次跨越。

华为的每个目标都很明确，扎扎实实、逐步实现，始终确保了总体战略目标的稳步推进。公司通常会制订一个五年计划和十年计划，称之为公司的"马拉松长跑"，采用群狼战术；对于公司部门之间以及团队内部，目标与计划则控制在两三年以内，实施团队协作的"狼狈组织计划"；每个员工则严格按照"制定目标→执行目标→完成目标→制定新目标"的方式进行工作，采用小步快跑、循序渐进的方法。

海尔集团的张瑞敏，忍痛亲自抡起铁锤，砸烂了76台质量不合格的冰箱；奥康集团的王振滔，当着员工的面亲手剪掉数千双不合格的皮鞋。这些举动所传达的信息，并不只是要求属下把所有的不合格产品全部砸掉，而是要教育员工：要么不生产，要生产就要争第一；质量问题永远不可以轻视，不合格的产品就是废品。

亚洲最大的云数据中心集聚港——润泽国际信息港，以“打造高端数据中心，集聚亚太智慧云港，建设全球信息枢纽”为目标，秉持一以贯之的高科技与高效率，以仅188天的时间，建成了占地面积10.6万平方米、建筑面积33万平方米、项目投资15亿元人民币，美轮美奂的京津冀大数据创新应用中心。不仅创造了建筑史上的奇迹，也使河北和京津冀地区有了新的建筑地标。

类似的案例比比皆是。可以看出，上述列举的企业，坚持以战略定位为引领，辅以行之有效的目标管理方法，才成就了在各自行业的霸主地位与持续辉煌。优秀的企业不胜枚举，学习其独特的企业文化与管理技巧，对我们的人生规划与自我管理，具有极其重要的参考价值。

当然，仅仅停留在理论层面是远远不够的。电影《后会无期》有一句经典台词：“听过很多道理，依然过不好这一生。”在生活中这叫窘境，在物理学这叫佯谬，哲学称之为悖论，即使他明白这个事理，他还是过不去。

为什么会这样呢？也许是执行力不够，也许是方法不当。

第四课

掌握方法

幸福人生

最有价值的知识是关于方法的知识。

——达尔文

2018年5月17日，海底捞国际控股在港交所递交上市申请。9月11日，海底捞宣布其股份将于9月12日起在香港公开发售。9月26日，海底捞正式登陆香港资本市场。

这是一家“看得懂、学不会”的连锁品牌火锅店。

其实，海底捞的经营方法一目了然：

●服务态度：因为食客很多，经常要排队，餐厅为等待的顾客提供免费美甲、美鞋、护手，免费饮料、零食和水果；甚至在卫生间都会有专人服务，包括开水龙头、挤洗手液、递擦手纸等；服务员来自五湖四海，顾客可以找老乡服务，态度一直很热情。

●特色味道：海底捞有10多种锅底，始终坚持“无公害，一次性”的选料和底料原则，严把原料与配料关。大部分店有自助调料台，有20余种调料，顾客根据自己的口味喜好，任意调配；季节不同，免费水果不同；等等。

●物美价廉：海底捞所有的菜品都可以叫半份，半份半价。这样，顾客就可以一次品尝到更多种类的食品了，而且价格不贵。

海底捞的成功，是经营理念的成功，更是服务方法的成功。

工欲善其事，必先利其器。要追求成功，必须讲究科学方法与灵活策略，才能从事倍功半变成事半功倍，完成预定的目标和任务。

一、思路决定出路

人的思维能力，代表着人的智慧。提高思维能力的主要途径，在于改进思维方法。只要你掌握了科学的思维方法，就会成为有智慧的人。

科学的思维能力，包括战略思维能力、理性思维能力、辩证思维能力、系统思维能力、创新思维能力等，是一个人知识素养、认识能力和实践水平的综合体现，也是获得成功的基本要求。

人生要有战略思维

即对事物进行整体性、根本性、动态性的认识与谋划。

●整体性：是指一个结构性的体系或对象，各个组成部分之间有某种内在的关系，或功能互补，或利益共享，或行动协调，等等。那么，我们的思维就必须把握事物各个组成部分的关联度、亲密度和黏合度，对其相互排斥、相互补充或相互支撑的内部关系，拥有整体性的认识。

盲人摸象是最典型的非整体性认识。

●根本性：认识任何外部事物与内在心灵，不要被表面现象所迷惑、被复杂格局所牵制，而是要看清各个组成部分的搭配关系和排列秩序，确定其主次、轻重、缓急与先后，找到关键要素与突破重点，就是要寻根究底、正本清源，就是要抓住事物的本质与根源；既不能本末倒置，也不能舍本求末。

●动态性：世界上的万事万物都处于变化、发展的过程中，要求我们的认识也必须掌握紧密与松散、兴盛与衰败、强大与微弱的动态变化全过程，动静结合，攻守平衡，进退有序；一旦出现转机与良机，立即择机而动、顺势而为。

刻舟求剑是典型的非动态性认识。

人生在时间上是一个连续推进的过程，在内容上是一个相互关联的整体，所以，要以一生为背景来定位自我，要用战略思维来观察世界。拥有了整体性、根本性、动态性的思维，在人生规划与生命管理的战略高度，在突发、重大、偶然与紧急事件面前，或者在欲望强烈、精神亢奋、激情澎湃的时候，我们都能掌握理智与逻辑的力量，既不会只见树木、不见森林，也不会头痛医头、脚痛医脚，更不会顾此失彼、挂一漏万。

当今要有新思维

我们已经进入了基于物联网、大数据和云计算的智能生活时代，实现了“每个个体、时刻联网、各取所需、实时互动”的状态，当然应该同步拥有互联网思维、移动互联网思维、大数据思维等等。

●什么是互联网思维？

海尔集团的管理者认为：互联网思维是零距离和网络化的思维。

百度总裁张亚勤，主张互联网思维应该分为三个层级：

层级一：数字化；互联网是工具，提高效率，降低成本。

层级二：互联网化；利用互联网改变运营流程，电子商务，网络营销。

层级三：互联网思维；用互联网改造传统行业，商业模式和价值观创新。

我们提出一种最简洁的观点：用黏度，让海量的会员变得活跃。

●什么是移动互联网思维？

这是一种多维网络状的生态思维，思维以节点彼此连接，形成大小不同的生态圈；不同生态圈之间也彼此连接，形成更大的生态圈；更大的生态圈再彼此连接……以此类推，不断扩展。

移动互联网思维强调去中心化和伙伴经济：去中心化是指所有的节点在生态圈中是平等的，没有上下、高低、左右、前后、轻重之分。伙伴经济是指所有的节点、圈子在生态系统中都是伙伴，是互惠、互利的关系。自然界最稳定的森林植被群落，各类生物之间就是一种典型的伙伴经济关系。

移动互联网思维可细分为：

专业极致思维：移动互联网是平行的大网，只有不断地创新形式、深挖内涵，才能提供真正令人满意的“产品体验”。

小众差异思维：蓬勃发展的“圈子”，正在重新定义人群；个性化的新闻推送、朋友圈的内容转发，已成为重要的信息渠道。应该针对不同人群采取不同策略，推出“小而美”“小众化”的产品形式和内容。

零星碎片思维：人们接触信息日益变得“短平快”“碎片化”，借助各种媒介手段，见缝插针式地推送内容，将起到润物无声、潜移默化的作用。

大数据思维：未来是一个数字化的时代，数据是我们最为宝贵的资源。大数据思维强调数据的挖掘、清洗与分析，经过脱敏、脱密之后，让数据可视化，用相互关联的大数据说话，进行预测和决策。

突破思维定式

有一位小学老师，出了一道考试题：

一条船上有75头牛、32只羊，请问船长的年龄有多大？

本来，这是一道没有答案的题目，船长的年龄和75头牛、32只羊有什么关系呢？可是小学生一看，既然出了这个题目，肯定有标准答案。

于是学生们开动脑筋，他们首先相加，75加32，107岁，107岁还能开船吗？早就开不动了。他们又除，75除以32，只有二点几岁，还在吃奶呢。再又相乘，75乘32，有2000多岁，化为尘土了。

考试结果，全班90%都是75减32，船长43岁，正好开船。

这就是思维定式。

一位心理学家说：“只会使用锤子的人，总是把一切问题都看成是钉子。”正如卓别林主演的《摩登时代》里的主人公，他的工作是一天到晚拧螺丝帽，所以一切和螺丝帽相像的东西，他都会不由自主地用扳手去拧。工作和生活中遇到问题时，一定要突破思维定式去思考：在常规之外，是否还存在别的方法？是否还有别的解决问题的途径？

万事万物随时都在运动和变化之中，《易经》的“易”就是变化的意思，在变化中努力寻找不变的规则，因此就不能用固定、静止的思维去看待问题。学会换一个角度去观察、分析和判断，才不会陷入故步自封的泥潭。

真正能够局限人的，首先是人自己。

培养创造性思维

随时充满强烈的好奇心，对外界事物反应灵敏，善于捕捉和分析有用的信息。善于观察推理，想象力丰富，常有奇思妙想，求新、求变，举一反三，创造性地提出问题和解决问题。

1984年里根再次当选美国总统的时候，美国某小学有一群小学生，由老师带领到户外去玩耍。小孩子们到了户外，蓝天、白云、蛐蛐、小溪，看到什么都新鲜，非常高兴。到了树丛中，发现了一个蛋。

噢！几十个人全都围了过来。

大家都猜测：这是什么蛋？鸭蛋、鸡蛋、麻雀蛋、恐龙蛋？猜不出来。

有个小孩说：猜它干啥，把这个蛋抱回家，放在孵化箱里面加温，孵出来是什么就是什么。其他同学都说OK。孩子们把蛋抱回家了，放在孵化箱里加温，他们的眼睛一直对准孵化箱看呢，到底会出来什么怪物啊。看啊，等啊，蛋终于躁动了，蛋壳破裂了，东西出来了，孩子们全部惊呆了。

哇！里根总统从蛋壳里面出来了！

这是1984年一篇全美小学生优秀作文。

要正确对待灵感和顿悟，机遇只偏爱有准备的头脑。我们反对墨守成规的旧观念，提倡发现新问题，提出新问题，解决新问题。加强学习的独立性，保持应有的好奇心。深入学习和研究前人已有的知识，对于前人的理论要取其精华，去其糟粕，敢于超越。

策略思维

一位富豪到华尔街银行贷款5000美元，时间两周。银行贷款须有抵押，富豪用停在门口的劳斯莱斯作抵押。银行职员将他的车停在地下车库，然后借给富豪5000美元。两周后富豪来还钱，利息15美元。

银行职员发现富豪账上有几百万美元，就问：“为什么还要借钱呢？”富豪回答说：“15美元两周的停车场，在华尔街是永远找不到的。”

大家所熟知的田忌赛马的故事，揭示了如何善用自己的长处去对付对手的短处，从而在竞技中获胜的策略。策略思维深入地考虑问题的各种因素，认真分析、深入了解，灵活反应、随机应变，关注细节、关注具体操作，保证思维的精确性。策略思维者非常理性，能够控制好自己的不良情绪，远离可能、大概、然而、未必等模糊语言，保持思维的明晰性。

东莞的一个工厂想提高劳动生产率，可是似乎已提高到了一个临界点，再提高已非常困难。于是请来管理专家，分析四个车间的员工构成：

第一个车间都是男孩子，加进去几个女孩子，男女搭配，效率提高。

第二个车间都是青年人，加进去几个中年人，老成持重，效率提高。

第三个车间都是中老年，加进去几个年轻人，新鲜活力，效率提高。

第四个车间男女老少都有了，怎么提高效率？专家们分析发现，这个车间都是广西人。于是加进去几个江西人、四川人，大家都努力干，效率提高。

●逆向思维：也叫反向思维，长期守着一种思维不行，完全可以反过来。

清朝时期，通山县有个叫谭振兆的人，小时候父亲与同村的乐进士定了娃娃亲。后来，谭父去世了，谭家渐渐衰落，乐进士便想赖婚。

一天，谭振兆卖菜路过岳父家，就进去拜见岳父。乐进士对他说：“我做了两个阄，一个写着‘婚’字，另一个写着‘罢’字。你拿到‘婚’，我就把女儿嫁给你；拿到‘罢’字，咱们就退婚。不过，两个阄你只看一个就行了。”说完就把阄摆出来。

谭振兆心想：这两个阄分明都是“罢”字，我不能上他的当。想到这，他立刻抓起一个阄吞入腹中，指着另一个对乐进士说：“你把那个阄打开看看，如果是‘婚’字，我马上就离开这，咱们退婚；若是‘罢’字，那就说明我吞下的是‘婚’字，这门亲事就算定下了。”乐进士煞费苦心制造骗局，却被谭振兆识破，没办法只好把女儿嫁给他。

●转向思维：包括前向思维、后向思维，由上而下或由下而上的思维。

有一位出版商连续三次送书给总统，每次总统的态度都不同，但是每次出版商都能将之变为商机。

第一次总统敷衍地说：这本书不错。出版商的广告词是：现有总统喜爱的书出售。第二次总统奚落他：这本书糟透了。广告词是：现有总统讨厌的书出售。第三次总统吸取前两次的教训，不置一词。但是出版商一样有招，他的广告词是：现有总统难以下结论的书出售。

不管总统说什么，只要有效地和目标联系起来，就有钱赚。

伦敦的一条街上有三家裁缝店，为了招徕生意，都先后制作了广告牌。

第一家最先挂出：“本店有伦敦最好的裁缝”。

第二家生怕落后，马上挂出广告牌：“本店有英国最好的裁缝”。

人们以为，第三家店铺一定挂出“本店有全球最好的裁缝”。

结果却是：“本店有本街最好的裁缝”。

此牌一出，人们交口称赞。

发散性思维

中国学者许国泰，在一次国际大会上，证明曲别针有上亿种用途：

曲别针有大的小的，不同的重量做成不同的天平砝码……

曲别针是金属，可以和酸发生作用，要发生许多种反应……

曲别针可以做成1、2、3、4等阿拉伯数字，可以做成好多数字……

曲别针可以做成A、B、C、D、E、F、G，又可以做成很多种字……

曲别针可以做成阿拉伯文、俄文等，做成好多字……

这是一种从不同的方向、途径和角度去探求多种可能性，最终使问题获得圆满解决的思维方法。发散性思维能突破原有的知识点，充分发挥人的想象力，思维从问题核心出发向四面八方拓展，通过知识、观念的重新组合，寻找多种新颖的设想、答案或方法。

发散性思维有三个主要特征：

●流畅性：针对问题从不同角度在短时间内反应迅速。比如，能在短时间内表达较多的观念，使用较多的文字，产生较多的联想等。

●变通性：也就是思维的灵活，能举一反三、触类旁通。当解决问题的思路受阻时，能另辟蹊径寻找其他方法。对同一问题，想出不同类型的答案。

●独特性：是指针对问题用新角度、新观点去分析，处理事物能提出超常意见，富有独特的、新颖的见解。对同一问题意见越奇特，独创性越高。

辩证思维

人类有史以来最伟大的发明家爱迪生，发明钨丝灯泡的过程中曾经失败过50 000次，身边的人都劝他放弃。爱迪生却说："我已经知道了有50 000条路走不通，不是正好说明就要接近成功了吗？"

爱迪生去世后，为了纪念他，美国政府下令全国停电一分钟。

辩证思维是以变化、动态、发展的视角分析问题、认识事物，包括对立统一思维法、质量互变思维法和否定之否定思维法。

有一个小和尚向老和尚学习禅，小和尚汇报了自己的很多心得，希望老和尚给予指点。于是，老和尚给小和尚倒茶。茶满了，老和尚还在倒，溢出了茶杯，流到了桌上，又从桌上流到了地上，老和尚还一直在倒。

小和尚说："师父，茶已满了。"老和尚这才住手。

小和尚问："师父，请您指点。"

老和尚说："我已经教过你了。"

小和尚立时顿悟：如果不把自己旧有的东西清除，又怎么能接受新的东西呢？就如那只满了的茶杯，旧茶不倒，如何续添新茶？

在众多禅宗公案中，有许多类似的顿悟故事值得借鉴。

成功的人生，应当在整体规划的指导下，关注目标设定、强调执行过程、应对现实变化、规避不利因素，形成一系列策略组合，来持续提升生存能力和发展空间。由此便可以说，在逆境和困境中，有思路才会有出路；在顺境和坦途中，有思路才会有更大的发展。

二、时间管理即生命管理

生命需要刚柔相济，一时如群山耸立，雄伟挺拔；一时又如西湖波平，静谧和美。人们经常说要善待生命、善待自己。何谓善待？词典解释为友善地对待。什么又是友善呢？朋友之间亲密和睦。能把自己当成朋友来对待，是一种柔情。何期百炼钢，化为绕指柔。刚与柔的平衡，使人生和谐温馨。

人的生命，是在时间中展开和表现的，可以说时间就是生命。如何掌握自己的时间，就是如何安排自己的生命。

时间与生命构成

时间是永远不可再生的资源，是连续的、不间断的、不可逆的。就是说，时间只有从过去到现在到将来不可逆转的一个方向。那么，怎么看待人一生的时间构成呢？我们选取中外三种不同的观点以供参考。

英国数学家与哲学家怀特海指出，生命智力的发展有一定的周期；智力发展要经过三个阶段，即智力发展的三节奏：

●浪漫阶段：从学前到小学，儿童充满想象力与好奇心，开始体验世界、认识世界、发现世界，然而眼前发生的一切都是片断式的，每天都会出现不完整的信息，好像这个世界四分五裂。他们能够理解把握的是比较完整、有开头也有结局的故事，譬如童话、卡通动漫等。在尚未准备好接受现实世界之前，必须先以这些浪漫题材作为他所相信的世界，形成关于世界的基本“图式”，这将关系到他将来是以继承为主，还是以创新为主。

●精确阶段：从初中到高中的6年，这个阶段要奠定知识的基础。每一门学科都有其基本知识，如果在这一个阶段基础没有打好，自尊心受到打击，学习兴趣降低，有可能从此一生都讨厌某一门学科，甚至从此不再喜欢学习，形成了难以弥补的缺憾。由此可知，这个时期丝毫也不能松懈，有了短板应该立即补上，必须像装配机械零件一样，严格要求知识的精确性。

●综合运用阶段：在大学阶段，去发现自己同周围环境、群体、社会、整个人类、历史，甚至宇宙之间的关系。也就是说，要培养独立思考、独立判断、自我认知与继续学习的能力，找到自己生命的定位与意义。

印度教则认为，人生分为学徒期、家居期、林栖期、云游期：

●学徒期：从8岁到20岁，基本上包括了以上怀特海的三个阶段。

●家居期：从20岁到40岁，开始成家立业、结婚生子，也就是孔子说的“三十而立”的阶段。

●林栖期：从40岁到60岁，此时期子女已经组建新的家庭，因此父母不再背负家庭的压力，而能够到树林深处居住。

●云游期：从60岁开始，已经对人生道理有所觉悟，因此开始云游四方、四海为家。印度人由于深受宗教的影响，因此能够有计划地安排一生，生命的过程不会显得毫无秩序和漫无目的。

我国的《礼记•曲礼上第一》记载：“人生十年曰幼，学。二十曰弱，冠。三十曰壮，有室。四十曰强，而仕。五十曰艾，服官政。六十曰耆，指使。七十曰老，而传。八十、九十曰耄……百年曰期，颐。”大意是说：男子十岁称幼，开始入学读书。二十岁称弱，举冠礼后，就是成年了。三十岁称壮，可以娶妻生子，成家立业了。四十岁称强，可踏入官场了。五十岁称艾，能参与国家大事。六十岁称耆，可发号施令，指挥别人。七十岁称老，年岁已高，应把经验传给世人，将家业交付子孙管理了。八十岁、九十岁称耄……百岁称期，到了这个年龄，就该有人侍奉，颐养天年了。古人之所以如此划分，是长期积累经验的结果。对照当今的社会现状，某些方面已显得不合时宜，但总的来说，还是符合基本的人生规律的。

人生的每一个阶段各有其重点，对生活的每一项内容各有其职责，把重点和职责分解、对应到每一个时间段，坚持落到实处。今日之事今日毕，阶段之事阶段毕。如果不能完成而一拖再拖，时间构成的混乱无序，将导致生活节奏的杂乱无章。

青少年的智力发展达到高峰，解决问题的能力更加整合，形成比较稳定的价值观、人生观与待人处事的方法。重视朋辈团体的规范，自我意识继续发展，努力寻求和确立自我的身份。要注意的是，某些时候会出现认同危机；如果认同错位或失败，个体会陷入角色混乱。所以，应该及时向长辈或导师虚心请教。建议你，迈开大步向前冲！

成年人已完成学业、就业、结婚、生育、经济与人格独立等重要的人生任务。建立了社会角色，情感趋于沉稳，熟练处理各种社会关系，尝试了多个角色的转型，解决问题时更加充满智慧。另一方面，上有老下有小，在单位和家庭都是顶梁柱，身体机能开始下降，为了跟上时代又需要不断学习充电，压力很大，时间似乎不够用。敬佩你，脚踏实地坚持住！

老年人走过数十载风雨人生，为家庭、为子女、为职业、为社会作出了应有的贡献，有资格、有权利享受子女的敬重与敬仰，受到社会的关注和关爱，让老人活得体面、活得尊严、活出品位。“落红不是无情物，化作春泥更护花”，“心存魏阙常忧国，身老江湖犹矢忠”。天际余晖，夕阳似金。祝福你！平淡宁静度晚年。

过去 现在 将来

时间，包括了过去、现在和未来三个向度，是一个动态发展的结构。看上去许多人的每一天都忙忙碌碌、行色匆匆，其实有些人一直生活在过去，另一些人又生活在未来，生活在“今天”的只是他们有形的躯体。

生活在过去的人，被曾经的挫折与失败长期困扰，无法重燃生活的希望。生活在未来的人，脱离客观实际想入非非，让自己沉浸在想象的世界中，以虚构臆造的图景，来逃离责任、规避压力，有意模糊虚拟世界与现实世界的区别，在幻想中获得心理满足；沉迷于网络、赌博、传销的人，一心等待着天上掉馅饼，本质上都属于这种类型。

用一句话来总结，就是：

悲观者只看到了过去的惨状，为此气馁失望。

幻想者只看到了未来的渺茫，为此埋头空想。

成功者正视的是今天的现实，为此奋斗不息。

那么，如何联结过去与未来？

坚持以目标为导向，或者坚持以职业为导向，认真总结过去的经验教训，让今天少犯错误、少走弯路；积极展望未来的美好图景，激励自己奋发有为、尽快把预定的目标变成现实，其出发点与落脚点都在今天，与上述两种情形有本质的区别，这才是成功者的标准配置。

古人说过："一寸光阴一寸金，寸金难买寸光阴。"善待生命的每一天，既不是指昨天，也不是指明天，最重要的是善待生命中的"今天"。

活在当下

"当下"是指你正在做的事、你所在的地方、与你一起工作生活的人。"活在当下"，就是要把关注的焦点集中在当下的人、事、物，全心全意地去认真悦纳、品味、投入和体验。每天醒来都对自己说："美好的一天又开始了！"在这样的自我期许下，每一天都是崭新生命的开始，每一天我们都要用快乐的笑脸去充实它。

活在当下还包括，从整体性与结构性两方面去认识事物，把当下的时间稍微拉长；以整体目标、基本结构来界定当下的长短与内容。比如，一个高中生的目标是考大学，高中三年的时间就是为考大学作准备，因此当下的时间被拉长为三年；一个上班族被指派做一件工作，期限是两个月，那么他的当下就变成了两个月；一个单身汉被父母亲严令一年"脱光"，他自己也同意这样做，因此他在这件事情上的当下就是一年。

推而广之，每个人都有属于自己的"当下"。

也就是说，活在当下是指完成既定目标的全程计划。

一个目标被锁定，全套计划展开来，调动个人的精力、资源围绕它运转；一个目标完成了，再转换到下一个，如此一直循环，修正生活的轨道，掌握生命的重心，心灵就有了牵系与动力，日子过得很充实，时间感觉不够用，真正可以说是善待了生命的每一天。

王菲有一句话：不被上一秒牵挂，不为下一秒担忧。

心灵总有疲劳、迷茫、无助的时候，所以，要学会给心灵充电和洗澡，通过阅读、思考与兴趣满足，整合一个较长时期的生命动力，让心灵也持续而快乐地“活在当下”。

平衡主次轻重

人生漫长，生活琐碎，如果胡子眉毛一把抓、西瓜芝麻不区分，再怎么清晰地认识时间构成，再怎么紧密地连接过去未来，再怎么高明地理解活在当下，仍然会陷入琐碎与零乱。所以，就要依照主次轻重分别对待。

●退后一步看，视野会更加开阔，发现还有很多伸缩和调整的余地。所谓“看”字上面一个“手”，下面是个“目”，手放在眼睛上；手搭“凉棚”是为了看得远。总之，看就要目光远大，看就要看得明白，把工作与生活的内容、工作中的A项与B项、A项中的甲事与乙事，协调安排妥帖。全部完成了，晚饭后陪太太散步、陪先生唱歌、陪儿女下棋、陪老人们嗑瓜子。

●深入一层想，也许就更加明朗，发现某一个目标不见得真的是那么重要、某一个方案不见得并非真的有那么完备。“想”是解剖、解析、解构目标的内部与过程，如果确有重大发现，就必须重新调整。高中第三年移到国外去读、两个月的工作期限半个月就完成、“脱光”计划变成了建立交友群“筑巢引凤”，难道不是更加善待了生命中的“这一天”吗？

●爬高一级比，也许能更加释怀，人性的结构和人生的内容，大同小异；自己所经历的，别人也都在面对。你必须咬牙，别人也在咬牙；你在为工作效率低而苦恼，别人还在为寻找工作而头痛呢！所以，就更应该懂得珍惜，继续投入到今天必须完成的任务之中，根据其主次轻重，开心快乐地投入并逐一完成。

退后是为了向前，深入是为了提升，爬高是为了能爬得更高。

如此，活在当下便不是妄言。

把握时间的伸缩性

食罢一觉睡，起来两瓯茶。

举头看日影，已复西南斜。

乐人惜日促，忧人厌年赊。

无忧无乐者，长短任生涯。

这首诗是白居易的《食后咏茶》，说明了不同的心态，影响着人们对时间长短的不同感受。乐观的人总是觉得日子过得太快，好日子还没有过够呢，这一天就过去了；忧虑的人觉得有干不完的事，有数之不尽的苦恼，夜不能寐，就会觉得光阴难挨。白居易说，有人因为快乐而觉得岁月苦短，有人因为忧虑而觉得日月漫长，道出了时间的真谛。

几乎所有人都在惊呼：时间过得真快呀，一晃就是三五年！为什么会形成这种相似的心理时间呢？是因为现代生活的快节奏丢失了细节，丢失了过程。功利性、计算型思维将生活分割成几大块，一刀切下去，一眼看穿，粗暴抹去生活中极珍贵的模糊边界，令时间加速，使生命缩短。

其实，生活的审美，是由生活的丰富性与节奏感来决定的。

美国《时代周刊》曾经以人一生的时间分配为题，对具有普遍代表性的每周工作5天，每天工作8小时，拥有固定收入的工薪阶层进行调查，每人的平均寿命按72年计算，调查结果得出的时间分配如下：

工作14年，吃饭6年，看书4年，乘车4年，旅游4年，打电话1年，等人3年，睡觉20年，化妆5年（女人加1倍），饶舌3年（女人再加1年），体育、运动、看戏、跳舞、看电视等娱乐活动8年。

统计结果让许多人大吃一惊！“化妆5年，女人加1倍？”“饶舌3年，女人用了4年？”如此一对照，说明还有许多时间是可以节省出来的。这也形象地说明了，时间管理就是生命管理。

假如你每天节省半小时，一年就多出来180小时，以一天工作8小时，一周工作5天计算，每天节省半小时就等于一年多出来一个月。你看，一年就这样变成了13个月。

那些似乎拥有三头六臂的人，能够取得那么优异的成绩，获得源源不断的成功，就是因为他们的一年比“常人”要多出好几个月。比如睡眠时间，每天少睡一小时并不影响健康，只要你能坚持，一年就多出来2个月，10年就多出来20个月；以有效工作40年计算，将比别人多出来整整7年。

时间是资源、平台和工具，为我们的人生目的服务。所以，时间管理是自我管理、目标管理和人生管理。过去如一面镜子，指导我们今后如何行动；未来是一切努力的结果；只有现在，我们才可以采取行动。

三、改善人际关系

人生要读两所大学：一为校园大学，一为社会大学。社会大学没有围墙，没有固定的课业、教室、老师和同学，而考试似乎无处、无时不在；很可惜，能从校园大学顺利毕业的高才生，许多人都没有成为社会大学的优胜者。

社会大学的第一课，是从踏入社会的那一刻开始的。对大多数人而言，这一课是人际沟通的基本礼仪。人际沟通无处不在，也是一门专业的学问。

在百度输入“沟通的技巧”，可以找到相关结果数千万条。

当代社会节奏加快、层级增多，沟通更应该做到密切沟通、多向沟通、深入沟通和桌面沟通。善于与他人密切而良好地沟通，能维持公平合理的交易，获得更多的帮助与支持，能弥补个人的短板，保障正当的生存权益和生活质量，提升个人的成功概率。

说话的技巧

人人都在不停地说话，却不一定会说话。

说话，既不能够偏重某些人，使其他人受到冷落；也不应该只顾自己，想说什么、爱说什么就说什么。否则你只是在发表意见，不是在有效沟通。善于沟通的人，会随时顾及别人的感受，以免无意中破坏了自己的人际关系。根据曾仕强先生的研究，说话有三种典型状态：

●先说先死：先说的人说出一番道理来，自己站在亮处，人家把他的底细摸得很清楚；后说的人若是存心挑毛病，很容易站在相反的立场，说出另一番道理。虽然双方都说得头头是道，毕竟后说的人可以针对先说的人，进行整理和修补，甚至大挖其漏洞，弄得先说的人好像相当没有道理。

人的身份地位不同，先说先死的情形也不同。比如，下属先说，说错了会受到上司的批评。从下属的角度说，上司批评下属很正常。但是万一上司先说错了，下属指出其毛病，上司就会很尴尬。

有一次，化工厂厂长带领一群客人参观，经过仪表控制室时，看见仪表板上有若干颜色不同的指示灯，有亮着的，也有不亮的，有一个指示灯则是一闪一闪的。

有人问：“这个指示灯为什么会闪？”

厂长回答："因为液体快到临界点了，如果到达临界点，它就不闪了。"听起来蛮有道理。

想不到厂长刚刚说完，仪表工程师说："不是的，那个灯坏了。"

厂长的表情，可想而知。

有些人对闲聊很有兴趣，见面不谈正经事，专说一些没有用的话，就怕先开口，露出自己的心意，让对方有机可乘。这样做表面看是浪费时间，目的是先让对方开口，使自己获得有利形势。有些人"有话直说"，往往弄得自己灰头土脸，却不知道毛病出在哪里。很多人"有意见也不一定说"，往往鼓励别人先说，然后见机行事。

●不说也死：有话不说，往往也会使你陷入被动。如果上司交给你一项复杂的任务，你完成不了，又一直不敢开口，最后任务完不成，贻误了时机，所有的过错都是你的。如果你早说了，上司就会想其他的办法解决。还有，如果你很少说话，别人就很难了解你，不知道你整天想些什么。孔子欣赏木讷的人，却也主张言词必须通达。

如果你和老板一起去拜访客户，老板一不小心说错了话，你却不提醒他，老板很可能把过错推到你身上，指责你隔岸观火，居心不良。其实老板选你一起去拜访客户，必然是经过考虑的，认为你会对他有帮助。

凡事都在说与不说之间，要看具体情况和双方交情，衡量此时、此地、此事对此人应该说到什么地步，才算合理。如果大家都不说，根本无法沟通。不能沟通，当然无法协调。

●说了不死：最佳的境界是做到"说了不死"，需要在合适的时候、合适的地点，对合适的人、以合适的方式说出合适的话。我们经常说"事无不可对人言"，又主张"逢人只说三分话"，就是因为说话的对象不同。对知心朋友，当然“事无不可对人言”。如何判断怎么说，就要看你的功夫了。

南朝时，齐高帝与书法家王僧虔一起研习书法。有一次，高帝突然问王僧虔：“你和我的字谁更好？”这可真难回答，人家是皇帝呀！说高帝的字比自己的好，是违心之言；说高帝的字不如自己，又会使高帝面子扫地。

王僧虔回答得很巧妙：“我的字，臣中最好；您的字，君中最好。”

“说了不死”其实就是说得合理巧妙。

人们常常评价一个人情商高，很会说话，其实是因为他懂得在适当的时机说适当的话，既不让他人难堪，也显得自己大方得体。中国的语言文化博大精深，目前已有60多个国家将汉语教学纳入国民教育体系，全球汉语学习者已超过1亿人；我们自己理当成为表率。

你越会说话，别人就越快乐，而别人越快乐，就会越喜欢你；别人越喜欢你，你得到的帮助就越多，你就会越快乐。口为祸福之门，懂得谨言慎行，照顾他人感受，才是智慧之举。

拥有同理心

如何处理人与人之间的关系，没有固定的模式可以遵循，要从关心别人、理解别人、体谅别人的角度出发，说话和做事时多为他人留下空间和余地；发生误会时要替他人着想，主动反省自己的过失，勇于承担责任。

在一档嘉宾云集的综艺节目中，主持人突然提出一个问题：

电梯里总有一面大镜子，那个大镜子是干什么的呢？

各位嘉宾凭着自己丰富的想象，踊跃地回答：

用来看清后面有没有跟进坏人……

用来对镜检查自己的仪容与仪表……

用来扩大乘客的视觉空间，增加透气感……

经过反复提示和启发之后，主持人终于说出了答案：肢残人士摇着轮椅进来，不必费力地转身，就可以从镜子里看见楼层的显示灯。

原来是这样！我们怎么想得到呢？

是啊，我们怎么想得到呢？时至今日，我们的确越来越聪明，我们的知识面越来越广，我们的见识越来越多。我们思考问题时，经常都可以如行云流水、海阔天空；很不幸的是，我们往往都是以自我为中心，我们的出发点总是在自己的脚下，已经很难想到自我之外的他人。

所以，我们需要同理心。

同理心是指在人际交往过程中，能够体会他人的情绪和想法，理解他人的立场和感受，站在他人的角度思考和处理问题。简单地说，同理心就是设身处地、将心比心，就是己所不欲，勿施于人。

同理心强调以下原则：

真诚坦白的人，才是值得信任的人。

真情流露的人，才能得到真情回报。

怎么对待别人，别人就怎么对待你。

想他人理解你，就要首先理解他人。

别人眼中的自己，才是在人际交往中真正发挥作用的自己；学会从别人的角度去看问题，并据此改进自己在他们眼中的形象。我们只能修正自己，很难修正别人，想成功地与人相处，唯有先改变自己。

多一些反省，会发现自己并没有想象的聪明。

多一些沟通，会发现自己也没有想象的正确。

多一些同理，会发现自己更没有想象的真诚。

有了同理心，工作和生活中就能够避免许多抱怨、责难、嘲笑和讥讽，大家可以在一个充满友善、鼓励、谅解和尊重的人际环境中，愉快地学习、工作和生活。

有了同理心，就能找到对方的原则、底线、风格、兴趣、忌讳与隐痛，这才是真正交心的知己，自己的心灵会随之变得更丰富、更柔软，也更有成长的力量。

重视错误的价值

在这个世界上，从来不犯错误的人有没有？没有。由于人们学识、经验、性格、习惯等的局限性，这个时期或那个时期、此种错误或彼种错误常常不可避免。我们每个人都会犯错误，甚至经常犯错误。

严重的错误是可怕的，比犯错误更可怕的是：找不到出现错误的根源，拿不出纠正错误的方案，甚至缺乏面对错误的态度和勇气，这些现象便是错上加错。幸好，我们可以从错误中学习成长。

面对常见的错误，正确的态度应该是：

●先错先改：当进入一个新的环境，比如常说的试用期、调整期与磨合期，人们最容易犯错误，周围的人也乐于在这样的阶段原谅你。所以，一定要在这一段时间，迅速进入状态，随时向身边的人学习请教，请他们及时点评与提醒，尽早把错误都犯完，把傻事都做完，把蠢话都讲完。

●知错即改：也许进入新环境的磨合期会比较长，人们除了做好自己的本职工作，还可以主动请缨，争取更多的职责，承担额外的任务。这样一来，意味着更多的付出，也意味着更多的机遇和机会。人生越早担负重任，犯错误的可能性就越大，而进步也会更快。当别人还在斤斤计较、盲人摸象的时候，你已轻舟越过万重山。

●大胆试错：试错即根据经验，采取随机的方式去尝试各种可能的选择。人们的认识一方面来自观察与实践，一方面来自大脑中的知识储备。试错法运用猜测、怀疑、试探等手段，对原来的经验和知识有选择地、批判地加以吸收和利用。当问题相对简单时，在条件允许的前提下和局势可控的范围内，大胆实践、小心求证，有利于修正已有的知识，发现新的现象或规律。

●以错为镜：错误有各种原因，并不一定百分之百错在自己。有些错误当时并不严重，如果立即补救也许还能挽回，将危害降到最小限度；即使错误的程度非常严重或难以挽回，也必须让人格站立着，主观上不深陷泥潭而错上加错；客观坦诚勇敢面对，认真分析总结，吸取经验教训，不害怕、不推诿、不逃避，杜绝以后再犯同样的错误，反而能在错误中学习成长。

正所谓，智者不二过。

与上司成功交往

工作中，人们都会有一个上司，你总得要跟他沟通，畏缩或逃避不能解决问题。如果能受到上司的赏识与器重，自己的能力就能得到充分的发挥；如果与上司产生了意见分歧或感情隔阂，不仅抱负难得到施展，而且会郁闷不堪。因此，和上司的关系是否融洽至关重要，需要注意的是：

●体现素质：有些员工不修边幅，和上司相处从不注意礼节，经常不能遵守时间，不是迟到就是早退，对工作也是丢三落四或敷衍了事，这样的员工，绝不可能和上司建立良好的人际关系。

●笑脸相迎：看一看受到上司和前辈喜欢的下属，他们中有很多人善于用身体微语言表现自己。所谓身体微语言，首先是指表情明朗、态度爽快。

相反，有些人整天阴沉着脸，不和上司打招呼，工作起来磨磨蹭蹭。这样的下属，会让上司感到失望。

●愉快接受：假如上司让你做一件你从来没做过的工作，持消极态度的下属会回答："不行，我从没做过，还是找别人吧！"或"我太忙了，请原谅。"上司一定会不开心。相反，持积极态度的下属如果这样回答："让我试一试。"上司会以为你很有前途，你不仅得到了锻炼的机会，还有可能不断得到上司的信任和器重。

●多听少说：上司交代工作时，已经事先想好了交代顺序。如果在上司说话过程中突然打断，提出疑问，上司的思路和要点很容易被打乱，上司的情绪就会受到影响。所以在接受指示、命令时，要先把话听完，然后再提出疑问；对于没有听明白的地方，千万不要自己猜测，一定要请上司再次明示："对不起！请把您刚才的那句话重复一下"，确保准确、及时地执行。上司是从下属的表情、动作等来判断，自己的话是否已清楚传达。所以在上司交代工作时，已经清楚的内容要点头示意，或声明已经领会。

●精神饱满：无论在任何情况下被上司召唤，都应该爽快迅速而精神饱满地回答。上司会觉得你工作积极、态度诚恳，从而对你产生信任感。如果你还能按时、按质、按量把工作做好，你就有可能得到器重和提拔。

●适时报告：上司是一边看下属工作的进展情况，一边进行工作的总体安排和调整的。适时报告的"度"是：关键节点，阶段性成果，新的发现或重大转变等。下属不向上司报告工作的进展，上司就不可能正确地作出部署。上司既希望下属积极认真地工作，又希望下属积极认真地汇报；及时向上司讨教解决办法，会减少失误和麻烦。

●说明理由：前面的决策出了意外，市场或竞争对手的策略有了重大调整，自己对上司的指示有了独到建议……凡是涉及重大问题的汇报，都必须客观、真实、具体地向上司陈述理由和观点，等待且服从上司的决定。

●认清立场：上司就是上司，对于上司权力范围内的事情，无论你本人多么有能力，也绝对不能擅自处理和决定，不能产生丝毫的越权行为。只有通过上司本人或上司的上司授权，你才可以发挥更大的作用。你和直接上司是长期的、必然的关系，和上司的上司只是临时的、偶然的关系，所以一般情况下，应该尽力维护直接上司的权威和利益。

●维护自尊：上司和下属的价值观念，在各自不同的环境中形成，存在着极大的差异。上司也有不对的时候。可是，绝对不能误认为直接指出上司的缺点，能迎合上司的期待。上司想听的不是批判性的意见，而是改善性的建议。一定要避免伤害上司的自尊心。坚守自我人格，谦虚好学，努力工作，才能赢得上司的青睐。一定要牢牢记住：发言权永远不等于决策权。

●准备答案：领导永远有一个特权，就是在下属呈交的答案里进行选择。如果只给上司一个答案，那是“将军”，逼着他非同意不可。下属不要给上司出问答题，尽量给他出选择题；最好能同时提出几个方案，针对每一个方案的优缺点进行分析，这才是真正负责任的优秀员工。

今天，你用上述方法与上司成功交往。

明天，你将成为别人的上司。

四、人生的参照系统

珠穆朗玛峰在哪里？有多高？

地理学和测绘学告诉我们，要说明一个物体的准确位置、发展方向或运动状态，只有借助于一个或一个以上的坐标系统，比照相互之间的各项差异，才能描述准确。

2005年5月22日，中国政府组织专业团队再次精确测量：珠峰位于北纬27°59′17″，东经86°55′31″，海拔高度为8844.43米。借助于经度、纬度及海拔高度的地理坐标系统（或称球面坐标系统），人们便一目了然。

人生的生物指标，比如身高、体重、血压、骨龄等数据，通过日益发达的现代科学与医学手段，能够立等可取。可是，人生的价值观念、幸福指数以及心理、情感等指标，将如何检测？

人们常说“比上不足，比下有余”，要相互“比学赶帮”，“比”即是具有坐标作用的参照。与前人和他人、与偶像和圣贤，也与自己的过去反复比较，就能够彰显差距、吸取教训。

总之，必须借助于坐标系统。

唐太宗《帝范》卷四：“取法于上，仅得为中，取法于中，故为其下。”根据前人的经验，可以归纳出正确的比较方法：

付出与“上”比，回报与“下”比。

目标与“上”比，欲望与“下”比。

品位与“上”比，俗务与“下”比。

一句话，精神世界与“上”比，物质生活与“下”比。

心理学有一个名词叫“重要他人”，指在一个人心理和人格形成过程中，起过巨大影响甚至决定性作用的人。在社会学中，重要他人是指对于一个人的自我评价具有强烈影响的人。重要他人可能是我们的父母长辈、兄弟姐妹，也可能是老师、同学、偶像，或是萍水相逢的路人。

以下四类人群，既是我们的重要他人，也是人生的参照系统。

恋人

恋爱是人生的大学问。恋爱的学问首先在于，要在茫茫人海中找到自己的另一半，组建一个全新家庭。既需要胆识，又需要技巧；既要做到价值观、金钱观、性格、生活习惯等的结构性匹配，又要讲究年龄、品位、兴趣、个人爱好等方面的求同存异。

早恋和初恋之所以美好，只因为青春年少，尚不知情为何物。凭一种本能陷入纯粹的痴情与想象的感动。正因如此，一方或双方的剧变，必然导致混乱或重组，早恋和初恋的普遍结局是难成正果。只有极少数恋人，随着交往的深入，两颗心越来越相互吸引，结成终身伴侣。

恋爱之初，恋人们都希望以最优秀的一面出现在对方面前，情人眼里出西施，不是西施也要学西施，于是缺点在改变、自我在提高；恋爱之中，共同展望美好前景、规划未来生活、制定行动方案，许多人无形之中就像变了一个人，有了一个新的“自我”；成家之后，夫妻关系是人生最重要的人际关系，重叠一起的时间最长，相互碰触的节点最多，共同担当的责任最重，相互理解、共同支撑，当以感恩之心善待所爱之人。

请你张开双手，用右手的五根手指去碰触左手的五根手指，会出现两种不同的情况：要么相向而望、指指顶立，要么交叉相扣、丝丝无缝。一对男女组成家庭的整体水平，要么是双方各自水平的叠加，要么是高值减去低值的剩余数，要么就是某一方个人的自然水平。

总之，好的恋人和美的恋情，必能相互促进、共同成长，至少也是一方能帮助另一方。

良师

每个人都需要贵人相助，生命中也不时有贵人出现。贵人也许是让你茅塞顿开的授业恩师，也许是一位萍水相逢的陌生人，甚至就是责罚与批评你的那个人。

真正的导师不一定身居高位，但是他在人生经验、道德品质、工作专长、决断能力等许多方面，要远远超过你或者比你略胜一筹，他或许是你人生的一面镜子，或许为你提供机会平台，或者能够树立你的信心，启迪你的思想，开阔你的视野，引导你的方向，无异于人生路上的启明星或指路明灯。

良师或导师不一定与你朝夕相伴，因此就更加显出其价值的可贵。应该珍惜结识良师的缘分和机会，虚心求教、用心倾听、潜心消化。良师的指引并不一定每一次都那么适合，需要我们自己去鉴别和取舍。

益友

子曰："益者三友，损者三友。友直、友谅、友多闻，益矣；友便辞，友善柔，友便佞，损矣。"

南怀谨先生解释说，世界上每个人都需要朋友，友直、友谅、友多闻，是对自身有益的朋友。"友直"，是讲真话的朋友；"友谅"是个性宽厚、能够原谅人的朋友；"友多闻"是见识广阔、知识渊博的朋友。

傅佩荣先生把朋友分成四个层次："最下层是酒肉之交，大家一起吃饭、喝酒、享受；往上叫利害之交，一起做生意、合作，合则两利，离则两害；再往上叫道义之交，‘道’代表人生的方向，‘义’代表正当性；最高一层叫生死之交，一般称作知己。”

人生最为难得、最可宝贵的朋友，是诤友。诤友是勇于当面指出缺点和错误，敢于为头脑发热的朋友“泼冷水”的人。陈道明说：“朋友之间，我就有骂他的责任，他也有骂我的责任。”

诤友是人生的镜子，帮我们认清自我。真正的朋友应该是直言不讳，道义相交。只有真正的朋友才会真诚关心你，为你的失误痛心；只有真正的朋友才会直言你的盲区和瑕疵，希望你快乐、成功。

圣人

20世纪即将结束时，英国剑桥大学教授协会评选排名千年（1000年至1999年）第一的思想家，结果是：马克思第一，爱因斯坦第二。随后，英国广播公司（BBC）也发起评选千年第一思想家活动，汇集全球互联网一个月的投票数据，结果完全一致：马克思第一，爱因斯坦第二。

在历史长河的灿烂星空之中，有无数颗类似马克思、爱因斯坦这样伟大而耀眼的明星，照亮亿亿万万摸索孤寂的心灵，引渡无数迷茫世俗的人生。圣人，是人类思想、道德、科学、艺术和信仰的最高峰，是人间良知与智慧的集大成者，也是人世共有的宝贵财富。

圣人不仅指明方向，而且净化心灵；不仅提升境界，而且引渡灵魂。

每一位圣人都是一座宝库。一个人如果想脱胎换骨、超凡脱俗，就会自动拜倒在某个或者多个圣人的门下，如孔子、庄子、佛陀、耶稣、圣雄甘地、贝多芬、泰戈尔等等，去精读他们的作品，去精研他们的思想。

除以上四类重要人群，人生的参照系统还包括：国家的政策与法律，规范可为与不可为的边界；单位和团体的规章制度，是日常的行为准则；民族文化的习俗，让我们不违禁忌；心中的偶像和榜样，供我们学习和参考；负面的教训与能量，使我们警觉、提防或远离……用心学习，用心感悟，人生就不会偏离自我定位的原初轨道。

有了人生的参照系统，可以为自己画一幅坐标图：

向右看，是恋人与家人的期许、良师益友的帮助和圣人的引导。

向前看，是闪闪发光的目标、切实可行的计划、源源不绝的行动。

向后看，是脚踏实地走过的来路、正在积蓄的能量、待发的弓弩。

向左看，是幻想、挫折、缺憾等警示我们必须时刻提防的负能量。

向上看，是自我实现、自我超越的生命渴望和人生使命。

于此，就构成了一个自我修炼的闭环。

五、聚焦更容易成功

美国标准石油公司有一个小职员叫阿基勃特，他每次出差住旅馆的时候，总会在自己签名的下方，写上“每桶四美元的标准石油”；在书信和收据上也不例外，只要有他签名的地方，就一定要写上那几个字。因此，他被同事们戏称为“每桶四美元”，真名倒无人再叫了。

公司董事长洛克菲勒知道之后说，“竟然有职员，如此努力地宣传公司的声誉和品牌，我要见见他。”于是，邀请阿基勃特共进晚餐。

洛克菲勒卸任后，阿基勃特成了标准石油第二任董事长。

这是阿基勃特持续聚焦的收获。

中国曾经有一款“空调大王”叫春兰空调，连续8年销量稳居国内第一。当时作为春兰的粉丝，格力一直只能是模仿春兰。可是，在高歌猛进的大好形势下，春兰选择了多元化发展之路：1994年杀入摩托车领域，1997年又闯入汽车领域……大量的资金投入到新进入的行业，赖以生存的技术和研发得不到保障。作为粉丝的格力，一直坚持在空调行业深耕。2018上半年，春兰空调营收5.01亿元，格力的营收是多少呢？800亿元。

同时追两只兔子的人，一只也逮不到。小小的屋檐水珠，日复一日年复一年地持之以恒，最终能将坚硬的岩石穿透。聚焦，就是执行力强大的体现，也是立足许多领域的基本方法。

太阳以每小时数亿千瓦的能量普照山川大地，是一种强能源，却并不能点燃地上的柴草。但是，透镜只把区区一小束太阳光长时间地聚集到一点上，即使在最寒冷的冬天，也能够把柴草点燃。

英国小说家阿瑟•柯南道尔笔下的大侦探福尔摩斯，勇敢机警，具有高超的分析、推理、判断能力。福尔摩斯究竟掌握了哪些知识、具备哪些素质？柯南道尔在《血字的研究》一文中，开出了福尔摩斯的才智结构表：

文学知识，无；哲学知识，无；天文学知识，无；政治学知识，浅薄；植物学知识，不全面；地质学知识，偏重实用，但也有限；化学知识，精深；解剖学知识，准确，但是不系统；惊险文学，广博；英国法律，有充分的实用知识。此外，他还善于使用棍棒，精通刀剑拳术。

福尔摩斯具有一整套侦探工作所需要的才智结构，才能善于发微探幽，神通广大。他掌握知识的原则是：必须有利于工作，对那些毫无关系的知识，即使懂得了“也要尽力把它忘掉”——这就是福尔摩斯的知识聚焦原则。

毛泽东在《中国革命战争的战略问题》一文中提出："对于人，伤其十指不如断其一指，对于敌，击溃其十个师不如歼灭其一个师。"这一观点是毛泽东军事思想的精髓。即使是最弱小的人，只要集中力量于一点，也终将战胜非常强大却把力量分散在许多方面的人。与其分散精力去伤害敌人的十指，不如集中精力打掉敌人的一根手指。

管理学上有一个"手表定律"：只有一块手表，可以知道时间；拥有两块或两块以上的手表，并不能告诉人们更准确的时间，反而会制造混乱，会让看表的人失去对准确时间的信心。

"手表定律"的深层含义在于，每个人都不能同时挑选两种不同的行为准则或者价值观念，否则他的工作和生活必将陷入混乱。在企业管理方面，对同一个人或同一个组织，不能同时有两个或两个以上的人发出指令，不能同时采用两种不同的方法，不能同时设置两个不同的目标，甚至每一个人不能同时由两个人来指挥，否则将使这个企业或者这个人无所适从。

可口可乐和百事可乐的市场竞争非常激烈。为了提高市场份额，可口可乐公司作出重大决策，使可乐的口味多样化，可乐的口味变为两种：一种是传统的，一种添加了其他原料。添加原料的又分成三种：苹果、草莓和樱桃口味。这三种口味又再分别分成两种：一种是健怡可乐，是为结石或糖尿病患者以及不喜欢甜味的人准备的；另外一种是原味的。

于是，顾客去买可口可乐的时候，经常会发生这样的情况：

顾客："买瓶可乐。"

店员："百事可乐还是可口可乐？"

顾客："可口可乐。"

店员：“一般口味的还是水果口味的？”

顾客：“水果味的。”

店员：“是草莓的、苹果的还是樱桃的？”

顾客：“樱桃的。”

店员：“是健怡可乐还是传统可乐？”

顾客终于受不了：“干脆给我一瓶百事可乐吧！”

可口可乐没有想到会犯这样的错误，消费者不喜欢被多次提问，结果是这个决策执行之后9个月，营业额就减少了6000万美元。认识到这个失误后，可口可乐公司马上就改正过来了。这个决策之所以错误，是因为它没有执行产品聚焦策略。

相反，专注是华为的一种强大力量。

《华为基本法》处处体现了“专注”，比如第一条规定：“为了使华为成为世界一流的设备供应商，我们将永不进入信息服务业……第二十三条：我们坚持压强原则，在成功关键因素和选定的战略生长点上，以超过主要竞争对手的强度配置资源，要么不做，要做，就极大地集中人力、物力和财力，实现重点突破。”任正非进一步解释说：这30年来，我们坚定不移的只对准通信领域这个“城墙口”冲锋。我们成长起来后，坚持只做一件事，在一个方面做大。华为只有几十人的时候就对着一个“城墙口”进攻，几百人、几万人的时候也是对着这个“城墙口”进攻，现在十几万人还是对着这个“城墙口”冲锋。密集炮火，饱和攻击。

中国体育界有长期集训、封闭集训、飞行集训的传统：

●让队员接受军事化训练，除了增强体质体能外，加强队员的团体意识以及严于律己的态度。

●进行高强度、高难度的专项训练，比如专门针对自我的短板进行适应性训练，或者专门针对重点竞争对手进行模拟训练。

●有的集训还专门录制比赛时的掌声和喝彩声，以及纯正的英文播报声，营造出逼真的比赛氛围，调节队员的心理素质与适应能力，让队员提前找到正式比赛的感觉。

如此训练聚焦，是中国体育界成功的一大法宝。

需要说明的是，体育不是简单地锻炼身体，而是有丰富内涵的体育精神：永不气馁、顽强拼搏；平时要守纪律，比赛要遵守规则；公平竞争，输要输得有风度；要团结协作，不能有个人英雄主义。通过体育运动，能体验到很多深刻的道德原则，并提高个人的修养。

“密集炮火，饱和攻击。”聚焦既是科学原理，也是工作方法。

成功的方法有很多，其中之一就是简单的事情重复做。努力专注于自己的目标和兴趣，将全部力量集中于一点，突出重心、舍弃枝节，集中精力、心无旁骛，持之以恒、久久为功，终将获得成功。

六、多问几个为什么

Uber是全球最大的出租车公司，但是Uber本身没有车。

Airbnb是全球最大的酒店集团，但是Airbnb没有酒店。

Facebook是全球最大的社交媒体，但Facebook不产出内容。

阿里巴巴是全球最大的零售商，但是阿里巴巴没有自己的库存。

为什么会是这样？为什么能够这样？

当今时代，提问比答案更有价值。

网络上每天都有10亿条回答，但是在几十年前，这些问题根本就没有人提出来，因为没有人能给出答案。现在，提问成了一种新的需求，一个好的问题，会引出新的、更好的、有价值的问题，从而促使人们去破解和回答。

问，是探索、请教与求知；问，有设问、反问和疑问，是对疑的一种集中与概括，是由疑而引发的一种求知、求解、求通的愿望与要求。设问是提出问题，引起注意，启发思考，是明知故问，自问自答；反问是加强语气，寓答于问，有问无答。其共同的价值在于，将思维引向深入，使破疑彻底，释疑完满。

我们知道的新闻五要素，也是思考的五要素。新闻五要素是五个W：What，何事；Who，何人；When，何时；Where，何地；Why，何故。有时还加上H，How，怎么样。通过对五个W的梳理，也就是对五种关键要素的追问，思维将逐渐完整、准确地做到以下几点：

还原真实——客观真实的事件经过与相互关系。

确立主体——谁是当事人、谁是解决问题的关键。

判断因果——是什么原因、由哪些原因造成的。

寻找症结——最重大的要素、最关键的原因是什么。

形成方案——迅速解决问题的计划与步骤。

民间有一句谚语，打破砂锅问到底。当砂锅被打破时，眼见从锅边直到锅底裂开长纹，因为“纹”同“问”同音，“纹到底”其实就是要“问到底”，鼓励保持好奇心和怀疑心，一直追问到事物的内部、底部与核心。

为什么会是这样

探究问题产生的原因和事物运动的过程，掌握其发展、变化的规律。如果没有弄清楚事情的真实原委和来龙去脉，便开始匆忙决策、仓促行动，危害性比没有主见、缺乏创意的危险更大。管理学上有一句名言：“一百个行动也无法挽救一个错误的决策。”

创造性思维的一个特征，是对已知情况不断发出疑问：真的还是假的？从而发现并寻求新的可能性。

任何事情的发生，必然有其原因。《左传》有一句话：“六鹢退飞过宋都。”意思是说，有六只鸟退着飞过宋国的首都。鸟飞时一定是头在前、向前飞的，可是，这六只鸟却一面拼命地飞，一面往后退。经过宋国首都时，大家看到这种异象，都认为这个首都一定会出问题。

为什么会是这样？后来才知道，原来是因为风太大了。如果风速比鸟飞的速度还要快，就算鸟拼命地飞，风还是会把它们吹得向后退。

有没有替代方案

即使已经形成了明确的解决方案和行动计划，我们也应该在思维里反问自己：这就是最佳的处理方法吗？将所有关键要素都纳入其中了吗？有没有更好的替代方案呢？替代方案又应该是怎样的呢？替代方案与现有方案各自的优劣是什么？

以此举一反三，拓宽思路，提升自我。

宋真宗年间，皇宫突然失火，烧毁了几座殿堂，皇帝命令宰相丁谓限时修复。丁谓考虑有三难：宫中无土筑墙，要从几十里外运土进城，难；大批竹、木等建筑材料要从外地运到宫中，难；处理建筑后的破砖废石，难。

经过苦苦思索，丁谓终于精心设计出一个绝妙的施工方案：先把皇宫前的大路挖成深沟，就地取土烧砖筑墙，然后把汴河水引入沟中，建材用船运到工地，等宫殿修好之后，再把垃圾填入沟中，修复大路。

就这样，一举三得，工程完工比预定时间大大提前。

真正的决策，是在众多方案中进行比较和选择。如果这种刨根问底的思维形成了习惯，总是能找到替代方案以备紧急情况下使用，说明决策力已经获得本质的提升。

如果是我怎么办

不管问题的发生、诊断、解决与你有没有关系，也不管你是否身在其位，都要在想象里主动地让自己投身其中，假设自己就是事 情的主角，去设身处地进行换位思考：如果问题发生在我身上、如果由我参与或主导问题的处理，我将如何面对、怎么处置？

就是说，一边看着别人怎么办，一边设想我该怎么办。这是一种有趣的思想演习，随着事物的进展及问题的解决，比较自己曾经拟想过的创意、思想、方案，与实际执行的创意、思想、方案的优劣长短，分析其中的差异和自我的不足；积累了经验，增长了见识。多问几次“如果是我怎么办”，必将使自己的思考力、判断力、决策力有长足的进步。

成功，需要仔细观察，深入思考，审慎决策，努力行动。

想要深刻发掘问题，就要学会把问题“**五化**”：

细分化：按对象、内容、时期、方法等加以区分，明确问题所在。

具体化：就是将已经细分了的问题进一步展开。

明确化：什么地方、什么原因、出了什么问题、严重到什么程度。

主体化：明确要解决这个问题的负责人是谁。

客观化：以通俗易懂的文字，把问题表达出来，使人一目了然。

为什么会是这样？有没有替代方案？如果是我怎么办？

习惯性地自问这三个问题，拓展了思维与视野，积累了经验与智慧，理论与工作问题勤问和多问，家庭与情感问题少问或不问，能帮助你在同等的环境、资源与条件下，拥有数倍于别人的成长养分与成功机遇。

创新学习方法

为了学习海底捞，华为让所有的高管去海底捞免费吃一顿饭；为了学习美军，阿富汗战争期间，任正非甚至在那里待了一个多月，感受美军的真实律动，学习美军的好制度，回来后再深刻反思华为的体制并作出改变。

英国有一位天文学家、数学家名叫哈雷，1705年出版《彗星天文学论说》一书，阐述了从1337年到1698年人类观测到的24颗彗星的轨道。他发现1531年、1607年和1682年出现的三颗大彗星，具有十分相似的轨道，由此推断这是同一颗彗星，每隔75至76年回归地球一次，并且预言这颗彗星即将于1758年底或1759年初再度回归。

果然，这颗彗星在1759年1月21日如期而至。后来，人们便称这颗彗星为哈雷彗星。

这就是知识与思考的力量。

据林克艾普大数据，2015年我国人均纸质图书阅读量为4.58本。而据不完全统计，犹太人以64本的年人均阅读量雄踞世界首位。日本、法国、韩国的人均阅读量分别为40本、20本和11本。

知识分为两大类，陈述性知识描述客观事物的特点及关系；操作性知识是关于办事的步骤和过程的知识，用于解决“做什么”和“如何做”的问题。知识丰富、渊博，会被人称为有“学识”；再进一步，广泛接触事物、扩大见闻，培养明智、正确地作出判断的能力，才是有“见识”。

如果一个人的知识面太狭窄、缺少历练和见识，就越没有选择的自由，只有被动地去重复。而且，如果在过于狭窄的领域逼迫自己用力过猛，必将更加单调，逐渐挫伤自己的生活兴趣与激情。

一个中等学历水平的人，每天花15分钟读一本普通读物，每分钟大约能读300字，15分钟就是4500字，一个月是13.5万字，一年的阅读量可以达到162万字。而书的篇幅从几万字到几十万字不等，按照普通读物平均10万字计算，每天读15分钟，一年就可以读完16本书。这个数量虽然只是犹太人的四分之一，但是已超过世界人均年阅读量，而这并不难做到，很多人都远远超过了。

●向晚辈学习：信息化革命、数字化生存，让许多成年人忽然成了互联网移民：从自己早已习惯了的世俗生活，“移民”到互联网虚拟生活。针对这一世界性的普遍现象，美国社会学家玛格丽特·米德指出：

人类社会应划分为“前喻文化”“并喻文化”和“后喻文化”三个时代。在“前喻文化”中，晚辈主要向长辈学习；“并喻文化”中学习都发生在同辈人之间；随着科技革命的蓬勃发展，整个社会发生了巨大的变革，由此进入了长辈反过来向晚辈学习的“后喻文化”时期：晚辈通过网络或其他手段，比长辈们更早、更快地获得信息，文化反哺是“后喻时代”的基本特征。

长沙市开福区一个9岁的小学生牛牛，在《给爸爸的一封信》中写道：“您给我报过很多辅导班，如篮球、书法、游泳、画画、滑轮，我知道您是为我好。可是要命的是，您给我的书法报了5个地方的课！还有，周六早晨8点打篮球，上午11点学书法，下午3点去画画……您听说过拔苗助长吗？您知不知道，成长要慢慢来，人生要慢慢来！”

收到这封信后，不仅牛牛的父母和家族受到极大的震动与启发，也引起了班级家长群、众多朋友圈的集体热议，许多人为之点赞，为之反省。

世界正朝着高科技、网络化、信息化、全球一体化迅猛发展，云计算、物联网、移动互联网、大数据、人工智能风起云涌，人类进入了知识创新时代和学习型社会。论资排辈已经成为过去，重要的是谁拥有先进的知识、技术、观念和文化，我们就向谁学习，以促进自我成长与完善。

●充分利用新媒体：随着智能手机的飞速发展，越来越多的微信公众号和手机App进入人们的日常生活，引起全社会尤其是年轻人的广泛关注和阅读。学会利用微信公众号、朋友圈、今日头条、抖音、知乎等新媒体和自媒体，提高知识和文化素养，扩展视野与触角范围，不断对自己的知识经验和思维观念进行更新换代。

信息化与数字化是一种技术，也是一种观念，更是一种生活与生存方式。以中国的媒介为例，一种传播媒体普及5000万人，收音机用了38年，电视机用了13年，互联网用了4年，微博只用了15个月。人人都能发声，又都可能被关注，标志着自媒体时代的真正来临；其实，众多网民早已成为“公民记者”。

许多企业已经把新媒体运用到极致。

“因为米粉，所以小米”，小米手机精心运营虚拟社区，整合官方网站、社交媒体、小米之家体验店、客户服务平台及线下活动同城会，五位一体打造顾客接触点，让消费者亲自参与产品研发、传播推广和品牌维护，与顾客建立了一个“你中有我，我中有你”的亲密契合关系。可以说，粉丝成了推动小米成功的巨大动力。

●提高搜商：搜商是一种与智商、情商相并列的能力，是指使用搜索引擎在互联网的浩瀚信息海洋中寻找到所需信息的能力。

从问路、查地图、翻阅图书资料，再到使用搜索引擎，都是搜商的体现。搜索引擎技术的迅猛发展，给人们在海量信息中快速获取自己需要的知识提供了极大的便利。

“吾生也有涯，而知也无涯。以有涯随无涯，殆已！”就是说，人生是有限的，但知识是无限的，用有限的人生追求无限的知识，必然会失败。信息爆炸的当今时代，知识更新日新月异，即使人类拥有再高的智商，再多的大脑容量，再充足的生命时间，也不能理解和储存人类的全部知识。善用搜索技术，会用百度或维基百科，已经演变成网络时代人们应该具备的一种基本方法与重要能力。

方法是为目标与目的服务的，在强有力的执行中得以落地。

公元前8世纪左右，希腊半岛的各个城邦都发现：城中人口增多，粮食日益不足。于是，如何解决生存问题，同时成了对各城邦智慧的最大考验。当时，比较有名的解决方案有三种：

科林斯模式：派精壮男子到别的地方去赚钱，这种方式叫移民。

斯巴达模式：出兵把地广人稀的地方打下来，这种方式叫殖民。

雅典模式：人仍然留在故乡，改变生产方式，以此养活更多的人。

雅典人编导出一整套完美的神话故事与操作流程，他们说，为什么每四年的第二个月会多出一天？那是因为，这一天是人类向神明谢恩、奉献祭品的日子。最适合祭奠的地点在哪里呢？当然是雅典旁边的奥林匹斯山。

于是，公元前776年雅典举办了第一次祭神大典。一时间，四面八方的人都来雅典集会。祭神之礼完毕，再来余兴节目助兴消遣：谁和谁跑得快、谁比谁跳得远、跳得高——这就是奥林匹克运动会的由来；其后每四年举行一次，逐渐成为世界性的竞技活动，也是广告、旅游与购物的狂欢节。

古代奥运会举办了293届，历时1100年。其结果是，雅典成了世界上最古老的城市之一，有记载的历史长达3000年，因此被称为“西方文明的摇篮”。至今，雅典仍是欧洲第八大城市，也是欧盟商业中心之一。

不能不说，雅典人的策略方法与执行能力，都是超一流的！

在本课的开始，我们说过海底捞是一家“看得懂、学不会”的连锁品牌火锅店；而其实，海底捞的经营方法一目了然。那为什么“学不会”呢？

也许是执行不到位。

第五课

贵在执行

幸福人生

执行力不讲如果，只讲结果。

——马云

每个人都是自己的上帝。如果你自己都放弃自己了，还会有谁来救你？每个人都在忙，有的忙着生，有的忙着死。忙着追名逐利的你，忙着柴米油盐的你，要停下来想一想：你的大脑，是不是被体制化了？你的上帝在哪里？

不要忘了，这个世界穿透一切高墙的东西，在我们的内心深处，那就是希望。希望真是个好东西，也许是世界上最好的东西。

有些鸟注定是不会被关在笼子里的，因为它们的每一片羽毛，都闪耀着自由的光辉。

这些精彩的语言，出自同一部电影——《肖申克的救赎》。

在1994年的奥斯卡颁奖典礼上，《肖申克的救赎》是《阿甘正传》最大的竞争对手，在两部同样经典的影片面前，评委们最终选择了《阿甘正传》。但是，是金子终究会发光，这些年来全世界无数影迷送给《肖申克的救赎》一个称号：电影史上伟大的无冕之王。

该电影描述，年轻的银行家安迪因谋杀妻子的罪名被判成立，被送往肖申克监狱终身监禁，远离人道和公平，受尽狱警和犯人的种种折磨。就是在这样恶劣的环境下，安迪心态乐观，矢志不渝，为了帮助监狱建立一个图书馆，为了得到第一批图书，他坚持每周写一封信，连续写了6年。

安迪在监狱设法弄来了一把锤子，每天劳动之余就在屋子里偷偷凿壁，然后趁第二天放风时将土石带出去。日复一日，年复一年，他克服了无数的困难，终于在十几年之后，挖出一条在别人看来“需要花费600年才能挖成”的地道。最终，安迪机智地逃出监狱，并使恶人伏法。

《肖申克的救赎》给人这样的启示：

目标是人生的明灯，计划是成功的台阶，目标和计划固然重要，然而，执行计划更重要。卓越的执行力是让计划得以实现的唯一工具、唯一路径与唯一希望。如果没有实际行动去坚决执行，如果缺乏毅力与信心坚守，再远大的目标、再详细的计划，也不过是纸上谈兵。

在《肖申克的救赎》片尾，安迪乘着瓢泼大雨和茫茫夜色，爬出下水道和排泄管，脱下衣衫伸出双臂拥抱自由的那一幕，无数影迷为之激动欢呼、为之热泪盈眶！影片的最后，安迪逍遥自在地与狱中的老友，享受海滩的宁静与友谊的温馨。

一、一切从执行开始

由《福布斯》发布的2017中国上市公司最佳CEO排行榜，来自腾讯的刘炽平排名榜首。刘炽平年薪1.22亿元，可谓是真正的打工皇帝。

刘炽平刚刚加盟腾讯时，以提高执行力为目标，对组织结构进行了大刀阔斧的变革，将原本庞杂的数十个部门，整合为6个业务部和3个服务部。他指出："好企业20%是因为策略上的成功，80%在于企业的执行能力"。

有一项研究成果表明，坚持实施原定计划的人，比那些中途改变计划的人成功概率高出5倍：坚持计划的人，实现目标的概率为84%；中途改变计划的人，实现目标的概率仅为16%。有了计划却不执行，再伟大的目标也是空中楼阁，再完美的计划也是一句空话。

印度哲学认为，人的智慧有三个层次：

第一个层次是"闻"，听老师说。

第二个层次是"思"，自己思考。

第三个层次是"修"，亲身实践。

智者抓住机会，成功者创造机会。机会只给有准备的人，"准备"二字，并非心里想一想、嘴上说一说而已，而是要通过具体的行动去落实。成功，终将属于那些坚持不懈、付诸行动的人。

对于个人，执行力就是办事能力。

对于团队，执行力就是战斗合力。

对于企业，执行力就是经营实力。

知行合一

象棋终日乐悠悠，苦被严亲一旦丢。

兵卒坠河皆不救，将军溺水一齐休。

马行千里随波去，象入三川逐浪游。

炮响一声天地震，忽然惊起卧龙愁。

这是我国明代大学者王阳明写的《志向》诗。王阳明少年时非常喜欢下象棋，为此常常耽误学业功课。他的父亲虽屡次责备，总不见其改正，一怒之下把象棋丢入了河中。王阳明备受震动，若有所悟，当即写了这首诗。

从此，王阳明以诸葛亮为楷模，刻苦学习，课业精进。

“知”与“行”一直是中国古代两个基本的哲学概念，“知”用来概括人们的道德意识，“行”主要是指人们的道德行动。为了反对程朱理学重知轻行、知先行后的观点，王阳明鲜明地提出了“知行合一”思想，主张知中有行、行中有知，以知为行，知决定行，强调认识事物的道理与在现实中运用这些道理是密不可分的一回事。王阳明不仅提出了“知行合一”思想，而且身体力行，成了中国历史上罕见的上马统军、下马治民，集文武谋略于一身的思想家。

“人生两个宝，双手与大脑。用脑不用手，快要被打倒。用手不用脑，饭也吃不饱。手脑都会用，才算是开天辟地的大好佬！”这首《手脑相长歌》的作者，是我国著名教育家陶行知先生。老先生本名陶文濬，大学求学期间，因推崇王阳明的“知行合一”学说，改名陶知行，表明知易行难、先知后行。43岁时，先生认为“行是知之始，知是行之成”，再次改名为陶行知，深刻地领悟到学习与实践相结合、目标与行动相匹配、实践出真知的道理，而且终生以此自勉。

只有“知”不行动，是口头理论家；埋头苦干不求“知”，是莽撞行为。现实生活中，我们的“知”更多的是一知半解，这是导致我们知行不一的原因。所以，我们不但要求知，而且要在行动中检验。

古人学问无遗力，少壮工夫老始成。

纸上得来终觉浅，绝知此事要躬行。

此诗作者是南宋爱国诗人陆游，诗的意思是说，古人做学问都是不遗余力的。什么叫“不遗余力”？就是努力到无能为力。人们年轻时开始努力，终身为之奋斗，到了老年才取得成功。从书本上得到的知识终归是浅薄的，难以理解知识的真谛，要真正理解书中的深刻道理，必须亲身去实践。

成功源于执行

做好计划，是事业发展的第一步。

执行计划，是拥抱成功的第一步。

任正非对于华为的管理有一个理论：“引进新管理体系时，要先僵化，后优化，再固化。”他在内部会议上解释说：“5年之内不允许你们进行制度创新，顾问们说什么，用什么方法，即使你们认为不合理，也不允许你们动。5年以后，把人家的系统用好了，可以授权你们进行局部的改动。至于进行结构性改动，那是10年之后的事。”

正是因为这种对制度的尊重和始终如一的贯彻，才创造了华为的春天。只有严谨的制度，才能促成企业强大坚毅的执行力。

●树立明确的目标。每一项行动之前都应该首先自问：我的目标是什么？目标必须明确具体、能够量化，只有明确和具体的目标才真正具有激励作用。《基业长青》一书的作者是美国著名管理学家詹姆斯•柯林斯，他从400多位声名显赫的美国企业巨头中，评选出了有史以来最伟大的10位CEO。令人意外的是，许多赫赫有名的人物并未入选，如世界首富比尔•盖茨、通用电气公司前CEO杰克•韦尔奇等。

相反，上榜的10位企业家有的当初根本没想到自己是当CEO的料，例如波音公司总裁比尔•艾伦。柯林斯指出，这十大CEO的伟大之处在于：他们建立了保证自己卸任之后，公司依然能够长久兴旺发达的企业机制；他们专心致志地构建一种科学、持久的制度，并不刻意成为伟大的领袖；他们奠定了企业长盛不衰的基础，使企业能够持续发展。

企业持续增长的源泉，在于制度与文化对“人性中善的弘扬与恶的抑制”，只有在这样的前提下，对执行的追求才有意义。

●制订细致的计划。将年度目标进行分解、细化，变为每一月、每一周的行动方案；而且，一定要变成不易产生理解偏差，又便于跟踪管理的书面方案。规范、标准和通用，是书面方案的特点。

1971年，弗莱德·史密斯在一个废弃的军用飞机场里开始了自己的创业生涯。40多年过去了，他所创立的联邦快递已经变成业务遍及全球214个国家和地区的快递业巨擘，年收入超过230亿美元，成为全球500强企业之一。弗莱德·史密斯有一句话：“在行动中思想。”

作为联邦快递的创始人，他认为速度是最重要的，速度对自己的企业而言就是核心文化，所以他强调速度、行动与敏捷。

弗莱德•史密斯形成自己的文化，并把这种价值观灌输下去，而员工就逐渐体会并形成一种共同的价值观。可以说在过去的40年里，做事不积极、不敏捷，没有行动力的员工，是无法在联邦快递待下去的。

●执行合理的流程。社会充满了诱惑，人总是会有惰性。因此，执行书面行动方案的过程中，应该将“靠领导推动工作”转变为“靠流程推动工作”，将“靠自己管理自己”转变为“靠习惯管理自己”和“靠规则管理自己”。

平安保险公司董事长兼CEO马明哲先生，曾经阐述自己对执行力的体会：“核心竞争力就是所谓的执行力，没有执行力就没有核心竞争力。关于核心竞争力，我们可以提两个问题：第一，什么是核心竞争力？第二，你的核心竞争力靠什么来保障？答案都是执行力。”

这句话是平安保险公司的一种理念。马明哲提到过一种怪圈现象：企业的高层怪中层，中层怪员工，员工怪中层，中层又反过来怪高层，形成一个圈，却没有一个人真正地负责，保质保量地做好自己的工作。

●实施科学的反馈。及时对执行结果进行反馈总结，是微调决策瑕疵、提高执行能力的有效手段，包括监督与考评两个方面。考评的目的是奖优罚劣、追求公平，从而源源不断地注入新的推动力量，带动整体执行力的提升，保障持有长久的执行力。

树立目标是行动，制订计划是行动，执行流程是行动，实施反馈是行动。成功没有捷径，或者说，成功的捷径就是立即行动！

你想读一本书，最好立即打开；你想做一件事，最好马上行动。等你想找一个充足的理由、完整的时间，或举办一个特定的仪式之后再开始，也许你再也没有机会开始了。

执行力具有一票否决权，最美妙的设想和最完备的战略，如果由缺乏执行力的人去实施，必定会变成一锅半生不熟的夹生饭；在没有执行力的团队面前，“规划规划，墙上挂挂”，方案或战略只是一堆花花绿绿的纸质垃圾，按照目前的市价，1公斤大约可以换回1元人民币。

行动前先做功课

人的种种行为，受到已有观念的影响与左右。如果不能突破固有的观念、习惯与方法，行动便是对过去的简单重复，或者效率大打折扣。不能进行自我突破，便是一种时间与机遇的浪费。

哲学上有一种说法：占有就是被占有。你占有了网络，同时已经被网络所占有。你在享受网络的便捷性，同时也被网络所诱导、暗示、操纵、迷惑。你在快速浏览网页、手机时，已经远离阅读纸质书所拥有的思想的专注、思想的宁静、思想的深邃和思想的魅力。

所以在行动之前，先要有所准备。

温州有一位亿万富豪，性情爽直、交友广泛，总有各式各样的人物和项目找他寻求合作。遇到具有吸引力的不熟悉领域与项目，富豪怎么办呢？

第一步：阅读这一领域的国内外经典著作资料。

第二步：结交这一领域的国内权威专家和学者。

第三步：拜访这一领域的政府部门中高级别官员。

第四步：搜集这一领域的最成功与最失败的案例。

第五步：委托这一领域的研究所编制可行性方案。

可想而知，几个月过去，几个回合下来，富豪理所当然地成了这个项目或者这一领域的顶级权威，没有人能在这个项目上骗过他的法眼。如果富豪决定投资，其投资步骤与行动方案早已成竹在胸。正因为如此，富豪的投资鲜有失手，也赢得了商界同行的广泛尊重。

同样是行动，事倍功半与事半功倍，两者相差多少？

在行动之前，必须深入、全面地了解：可以调动的资源在哪里？可以佐证的参照系统是什么？可以提高行动效率的方法有哪些？只有“谋定而后动”，只有通过比较与鉴别，只有切实掌握高明的策略与方法，才可以突破自我固有的观念、习惯与方法的局限，才可能有一种飞跃式的自我超越，才有望取得创造性的行为价值。

为了提高执行力，找到适合自己的方法开展训练：

●坐在前排：无论是在图书馆、教室或者其他公共场所，后面的座位总是先被坐满。坐在前排是自信的表现，自信心提高了，执行力随之强大。

●当众发言：不论是参加什么课程或什么会议，我们每次都要主动发言，也许是评论，也许是建议或提问题，争取第一个打破沉默。

●边听边记：好记性不如烂笔头，一边听一边记录，心记与笔记相结合，事后对照笔记可以让执行更准确，更有事半功倍的效果。

●昂首走路：悲观消极的人，总是低头、眼睛朝下走路。而有信心的人，走起路来总是昂首阔步，眼睛看着想要达到的目标。

●适度握手：沉稳而不过分用力地握手，把对方的手适度握紧，会显示：我是生气勃勃、稳扎稳打、执行力强大的人。

●比别人早到：上课、开会或上班，都比别人早到10分钟，拿出笨鸟先飞的姿态，激励自己扎扎实实地努力，来弥补能力和执行力的不足。

●最后期限：如果任务没有期限，人们往往会拖延。因此，要给自己设定一个合理的、略微紧迫的、可以刺激自己不断努力的时间期限。

●每天6件事：睡觉前，把明天必须完成的6件事，按重要性排序记录在卡片上；第二天每完成一件，就打一个勾。坚持下来，你的执行力和效率均会有显著提升。

二、执行不需要借口

找借口，是失败的前奏。寻找借口，只能造就平庸的企业和平庸的员工。面对失败，是选择责任，还是选择借口呢？选择责任，你的路是向前的，责任会鞭策你走得更远；选择借口，你的路是后退的，借口会牵引你原地踏步甚至后退。

人的天性中都存在一颗“黑暗的种子”，那就是好逸恶劳，推卸责任。人们往往会出于本能，把好的功绩往自己身上揽，把坏的结果往别人身上推。如果你不对自己这颗“黑暗的种子”严防死守，那么，就很容易陷入找借口和推卸责任的圈子里。

许多人之所以平庸一生，有一个重要的原因就在于他们万事皆找借口。对于个人，一次找借口，就会有下一次；有了第三次，就形成了经常找借口、凡事有借口的习惯。最后，整个人生都变成了一个看似有理的借口。对于组织，一个小借口，带出一串大借口；一个人找借口，意味着人人可以找借口，形成人人找、事事找的恶劣风气。

没有任何借口

没有任何借口，就是不寻找任何理由、不设定任何条件，从一开始就全力以赴去实现目标，自始至终全力以赴去实现目标。在竭尽全力仍然完成不了目标的时候，依旧不找任何借口，直到把任务彻底完成。

没有任何借口，就是以无比强大的意志、毅力和恒心，整合一切可以利用的资源，集中一切可以发动的力量，采取一切可以借鉴的方法，直指问题的要害和目标的核心，屡败屡战，不达目的决不停止努力。

西点军校是美国历史最悠久的军事学院，也是世界四大军校之一。该校培养出了2位美国总统，以及包括艾森豪威尔、巴顿、麦克阿瑟在内的3700位将军、1000多名董事长、2000多名副董事长，还有5000多名高级管理者。西点军校的成功，不是偶然的。我们以其22条军规和4个标准答案为例，看看有何借鉴和启发。

西点军校22条军规：

1. 无条件执行

2. 工作无借口

3. 细节决定成败

4. 以上司为榜样

5. 荣誉原则

6. 受人欢迎

7. 善于合作

8. 团队精神

9. 只有第一

10. 敢于冒险

11. 火一般的精神

12. 不断提升自己

13. 勇敢者的游戏

14. 全力以赴

15. 尽职尽责

16. 没有不可能

17. 永不放弃

18. 敬业为魂

19. 为自己奋斗

20. 理念至上

21. 自动自发

22. 立即行动

这22条军规逐条读下来，可以称之为简明扼要的成功学宝典，值得仔细斟酌甚至仿效。西点军校还有一个历史悠久、广为人知的传统，让无数毕业生终身获益。这就是在任何情况下，遇到任何学长或军官问话，面对学长或军官问任何问题，新生都只能有4种标准回答：

“报告长官，是！”

“报告长官，不是！”

“报告长官，没有任何借口。”

“报告长官，不知道。”

除此之外，不能多说一个字。

比如，军官问：“你认为你的皮鞋这样就算擦亮了吗？”你的第一反应，有可能是为自己辩解：“报告长官，刚才步行的时候有人踩了我一脚。”但是不行！所有的辩解都不能够作为回答，你只能从规定的4个标准答案中选择一个，所以你只能回答：“报告长官，不是！”军官要是继续追问为什么，最后你只能回答：“报告长官，没有任何借口！”

西点军校认为，这样的规定是要让新生意识到：任何时候，只有行动才是最重要的！因此，西点军校要求学生，在任何时候都要学会忍受不公平；只有坚持这种信念，才会激发自己的潜能，真正实现说到做到。

所以说，西点军校的成功不是偶然的。

现实生活中，有许多人都在自觉践行西点精神。因为某种特殊的原因和背景，有些人是有理由、有资格找借口的，比如耳聋的贝多芬与瘫痪的霍金，但是他们没有！他们奋斗的精神和非凡的历程，更值得我们正常人学习。

向战争学习

考场如战场，职场如战场。

人生的艰巨性提醒我们，要善于向战争学习。

战争是解决当事双方矛盾争端的一种最高级、最暴力的手段，通常也是最快捷和最有效的解决办法。战争只有一条铁血法则：保存自己，消灭敌人。因为战争的结果只有两个：要么消灭敌人，要么被敌人消灭。

在你死我活的战场，那些从一开始就找借口的士兵，肯定会被敌人消灭；那些从一开始就很努力，最后还是没有完成任务的士兵，也将被敌人消灭。因为敌人不管你是否曾经努力过，也不管你找到了什么借口。

各个民族、城邦和国家，很早就形成了独特的军事思想，创造出一系列的战术原则，比如避强击弱、设伏截击、先发制人或后发制人、示形作伪、巧布疑兵、骄兵之计等，如我国的《孙子兵法》、克劳塞维茨的《战争论》。

《孙子兵法》是中国古代军事文化的璀璨瑰宝，也是世界上最早的军事著作，其内容博大精深，深入探讨了与战争有关的敌我、主客、众寡、强弱、攻守、胜败、利害等一系列矛盾的对立和转化，具有丰富的辩证法思想，是华夏文明的结晶，不仅被誉为“兵学圣典”，也是全球各大商学院高级人才培训的必读教材，其所包含的大战略、大智慧，深刻影响了一大批世界级的企业家和各行业的成功人士。

从某种意义上说，人生就是一个看不见硝烟的战场或剧场，各种各样的矛盾、纠纷、困难、痛苦层出不穷，源源不断地消耗人们的时间与精力，消磨人们的意志和斗志。如果采用和平的、礼貌的、温柔的方式不能奏效或效果不佳，不如就痛下决心、壮士断腕，以雷霆万钧之势，横扫千军如卷席。

战争结果关乎民族的存亡，军队与战争使用了先进的科学技术与高效率的思维方法。军队是所有团体中管理最严格的团体，因此，凡具有军队经历的企业家，会表现出一种特殊的管理品质。

中国企业500强中，军人出身的企业家有200多人；排名最有影响力前10位的企业家中，几乎全部是军人出身。比如，被大家尊敬的中国商海的三大泰斗柳传志、张瑞敏和任正非，他们都是军人出身。其余，如万科集团原董事长王石、杉杉集团董事长兼总裁郑永刚、双星集团原总裁汪海等，均具有从军的经历。

我们没有从军的荣幸，但我们可以向战争和军人学习。

拥有责任心

没有任何借口，那么可以有什么？

答案可以有很多，比如执行力、团队精神，我们在这里首推责任心。

责任心首先是一种责任意识和身份观念，感觉到身上肩负的职责与任务，决心由自己担当起来。无论环境和条件如何变化，只要身份没有变，责任心也不会变。

责任心也是敢于负责、勇于担责的主动态度，不惧怕、不推诿、不退缩，坦然面对，积极坚守。责任心包含了情感因素，是一种自律自发的道德约束。如果说，情商可以逐渐调节，能力可以慢慢培养，执行力可以通过管理与培训手段来提升，唯有责任心，需要自我认定，从内心开始确立。

小孩子不小心撞到了桌子上，大哭。怎么办？

中国妈妈和日本妈妈的态度大不相同：中国妈妈的第一个动作，往往是打桌子。当然，这是哄小孩的一种方法，可是无形中告诉孩子，责任在别人。日本妈妈则会把孩子带到桌边说："来，你再来一次。一个人跑步撞到桌子有三个原因：第一是速度太快，收不住脚；第二是眼睛一直看着地面，没有注意前方；第三是心里不知道在想什么。你是哪一种原因呢？"

桌子是没有生命的，不能把撞到桌子的责任归咎给桌子。教育包含了家庭教育、学校教育和自我教育，应该注意从小培养孩子的责任心。

男女有性别角色，住家有家庭责任，读书有学习任务，工作有岗位职责，公民有纳税义务。人生最大的责任是好好活下去，因为生命不只属于你自己。如果都能从自己做起，把各自的身份意识与岗位职责扛起来，每个人都踏踏实实做自己，就不需要那么多的说教、道理和主义。

缺乏责任心，是人格不完善的表现，简单地说就是一个不完整的人，这样的人必然会找借口。

2005感动中国十大人物获奖名单中，有一位来自黑龙江，37年坚守诺言的上海知青陈健。1969年8月15日，20岁的上海知青金训华为抢救国家财产英勇献身。当年与金训华一同跳入洪水中的陈健，决心一辈子留在黑龙江，陪伴这位长眠黑土地再也不能还乡的战友。30多年里，无论刮风下雪，陈健每年都要到金训华墓地祭扫。

中央电视台的"颁奖词"写道："一个生者对死者的承诺，只是良心的自我约束，但他却为此坚守37年，放弃了梦想、幸福和亲情。淡去火红的时代背景，他身上有古典意识的风范，无论在哪个年代，坚守承诺始终是支撑人性的基石，对人如此，对一个民族更是如此。”

一屋不扫，何以扫天下？自己都管理不好，又怎么去管理别人与团队？人的一生，需要加强自我管理：就是对自己的目标、思想、心理和行为等进行管控，就是自己把自己组织起来，包含目标管理、时间管理、情绪管理、人脉资源管理、健康管理、学习管理等各方面，自我约束、自我激励，最终实现奋斗的目标。历史只会眷顾坚定者、奋进者与搏击者。

总之，无论何时，无论何种背景，只能是，必须是：

没有——任何——借口！

三、寻找突破口

突破口首先是军事概念，是指在双方对垒的战斗中，进攻的一方将进攻部队分为几个梯队。其中第一梯队主要由步兵组成，在炮兵或航空兵的火力协同下，用于突破敌人的防线、扩大并巩固突破口；第二梯队主要由装甲部队或摩托化部队组成，其主要任务是穿过突破口，向纵深发展胜利成果。

战场形势瞬息万变，何时投入第二梯队是胜利与否、取得战果大小的关键，也是对指挥官把握战场战机能力的考验。第二次世界大战中，苏联军队的进攻梯队往往不是两个，而是三个甚至四个梯队前仆后继，以确保第一梯队取得的战果。

在我们的生活或工作中，经常会遇到焦头烂额的情形，复杂的利益关系、恼人的情感纠结，使事件局势扑朔迷离；各种各样的问题扑面而来，各方面都好像是重点和关键，人人都在为你出谋划策、打气加油，于是，你的眼前似一团乱麻理不清头绪，陷入越忙越乱、越乱越忙的怪圈。

面对这种情形，迅速找到突破口，显得至关重要。

那么，突破口在哪里？

认清主要矛盾

盛夏的午后，某菜市场旁边，两个力量非常悬殊的年轻人在打架：一个高大肥硕，一个矮小精瘦。后者明显处于劣势，肩膀上的皮肤已经破裂流血。近百人围观，竟无一人劝阻或报警。你怎么办？

这时，有人走上前，10秒钟就把打架者劝开了，一共只有两句话：

对输者说：君子报仇十年不晚，先回去搬援兵啊！

对赢者说：打赢了就赶紧跑吧，非得等警察来吗？

暂且不论劝架者说的道理对不对，至少，他抓住了两个打架者的心理突破口：输者和赢者其实都想尽快结束，而且正好是劝架者所说的两种心理，可是碍于脸面他们又还在纠缠。

最好的文学与影视作品，一开始就会展示出一对或多对“黄金矛盾”，可以吊足胃口、吸引眼球。比如，父辈是世仇，晚辈要恋爱，怎么办？当年的挚友兄弟，因为信仰、利益的差别而分属不同的阵营，怎么办？乔治•波尔第深入总结，归纳出36种典型的戏剧情境，包括：

求告、援救、复仇、骨肉间的报复、逋逃、灾祸、不幸、革命、壮举、绑劫、释迷、求取、骨肉间的仇视、骨肉间的竞争、奸杀、人和神的斗争、疯狂、鲁莽、无意中恋爱的罪恶、无意中伤残骨肉、为了主义而牺牲自己、为了骨肉而牺牲自己、奸淫、情欲冲动而不顾一切、野心、爱恋一个仇敌、必须牺牲所爱的人、两个不同势力的竞争、恋爱的罪恶、发现所爱之人的不荣誉、恋爱被阻碍、因为错误而生的嫉妒、悔恨、错误的判断、骨肉重逢、丧失所爱的人。

几乎每一项都足够吸引眼球。一部作品的戏剧情境越多，主要矛盾冲突越激烈，就越会吸引观众。比如《暗算》一剧包括释迷、革命、复仇、壮举、绑劫、为了主义而牺牲自己、求取、无意中恋爱的罪恶、必须牺牲所爱的人、骨肉重逢……涵盖17项之多，所以其收视率非常高，而且好评如潮。

艺术家在制造矛盾，而生活与工作中无时不充满问题和矛盾。

某天晚上某处发生了一场车祸，有人将车开到了树上，原因是什么呢？调查发现有四个原因：

第一，天公不作美下大雨。

第二，这一段路面很不平。

第三，司机当晚喝了酒。

第四，当时天空非常黑。

经过分析，主要问题在于司机有没有喝酒。如果这个人喝了酒，即便是没下雨，路面也很平，甚至在大白天，也可能出车祸。反过来，如果他没有喝酒呢？即便路面很不平，天黑还下大雨，一般也不会出车祸。所以结论是，喝酒是真正的和主要的原因，路面不平、下雨和天黑，是次要原因。

我们要善于抓住主要矛盾和矛盾的主要方面，只有这样才能掌握事物的性质及其变化规律。抓住了主要矛盾和矛盾的主要方面，就是找到了解决问题的突破口。

我们平时经常会总结出“当务之急”“重中之重”，就是说从眼下众多的任务之中，找到必须急切办理的事。这是应对危局、困局、乱局或残局的基本功，也是提高效率、扭转乾坤的恰当方法。找不到或者找错了当务之急，就有可能是舍近求远、舍本逐末，捡了芝麻丢了西瓜。

头脑风暴

头脑风暴法，由美国大型广告公司BBDO的创始人奥斯本发明。头脑风暴法类似中国的“诸葛亮会议”，群策群力，参与性强，具有集中发挥集体智慧的优点，而且容易学习和实施，是迅速寻找突破口的良好方法，已成为现代管理的一个重要内容。

●两个基本原则：

禁止批评：消除妨碍自由想象的清规戒律。

延迟判断：专心提出构想，先不进行评价。

●四条基本规则：

先不评论构想：疑问与争辩会转移和束缚创造力。

欢迎自由奔放：开通前往独创性设想的全部道路。

追求构想数量：各种稀奇古怪的设想，越多越好。

综合修正构想：由已有设想不断引申出好的设想。

关于“禁止批评”，可以参考由英国行为学家波特所提出的“波特定理”：“当遭受许多批评时，下属往往只记得住前面的一些，其余的就听不见了，因为他们忙于思索论据来反驳前面的那些批评。”

善用头脑风暴的方法，不要拘泥于外在的形式，同事之间、好友之间、家人之间，会议室、咖啡厅、餐桌旁、草地上、微信群，随时、随地就可以进行。又比如，可以开展自我头脑风暴。

这几年，突然流行“每天一万步”，作为思维训练，自我头脑风暴可以在每天一小时散步时进行，针对某一问题，展开丰富的构想、设想和联想：

●前30分钟：将当天所学、所读、所闻的新问题与有趣事，在大脑里逐一过滤沉淀，思维在每一事、每一人、每一论点上停留几分钟，试图将当天的见闻进行初步总结，转化为自己的收获与素质，对每一事、每一人、每一论点有了基本的感觉和结论之后，立即将思维转入下一个问题，依次延伸。比如，今天见了三个新客户，听了五句很有意思的话，好几个朋友在刷屏，另外几个的QQ说说富于哲理，那一个潮词是什么意思呢？回去得好好查一查。既有整体上的回忆与复习，又有细节上的品味与感知。

这是一种横向的思维扫描，而且不断在跳跃。

●后30分钟：刚刚经过思维扫描的问题中，找到那个首次出现、最有意义或最为奇特的一个，只能是唯一的一个，强迫自己一直纵深思考、追索下去，稍有分神便立即拉回来。针对起因、过程、转换、结果与本质，事实真相与价值判断，象征意义与个人评说等，努力提炼出一二三四五点结论。

这是一种纵向深入的探究，必须聚焦兴奋点。

这就是自我头脑风暴：既保持兴趣的广博，又提高学识的精专，既能扩展思维的接触面，又能锤炼理性的思辨力，是一种点与面、纵与横、博与专的良好结合。经过这种自我训练之后，思维会出现两个显著的变化：

第一，思考或判断任何问题时，都会首先寻找一个支撑点或者一个恰当的参照系统，绝不会乱了方寸、迷失自我；换一种类似的说法，就是先立乎其大者，则其小者弗能夺也。

第二，任何人物与事件、观点与问题出现在面前，脑海里就会自动产生一张网，思维会瞬间将其捕捉定位到网中的某一区间，就是人们常说的“见怪不怪”。由此，总能迅速判断其性质与程度，并得出初步的结论。

抓住事物本质

我们从小进入学校学习，读到本科毕业度过16年寒窗。回想起来，你首先学到的是什么？是概念。比如，祖国、人民、爱情、区块链等一系列概念。人们学习理论、思考问题、交流信息，最基本的知识单元都是概念。

概念是人们对事物本质的认识。人类对外在世界和自身的认识，首先会形成一系列的概念，这些概念不断得到丰富和完善，从而越来越客观、准确和深刻。在每一个概念的不断完善中，在一个概念与另一个概念的联系之中，人类便掌握了真理。所以，如果想做一个学识渊博、见解深刻、言辞犀利的人，首先应该做到准确无误地理解、掌握和运用概念。

任何一个概念都不是孤立的。因为，大千世界本身是相互联系的。我们总能找到一个概念的周边相互关联着的其他众多概念，比如教室，我们马上就能联想到黑板、老师、讲台、课桌、学生等概念，也可能会想到办公室、会议室、卫生间等另一些概念。再比如母亲，我们自然就会想到父亲、儿女、母爱等。又比如正方形，你肯定会想到长方形、圆形、梯形等等。

那么，到底如何抓住事物的本质呢？古罗马逻辑学家波爱修提出的定义公式是：**概念＝概念所归的属＋种差**。

例如：当我们给“人”这个概念下定义，先找出“人”的属概念“动物”，然后确定“人”与属概念（动物）之下的其他种概念（即其他动物） 的差别，也就是种差（人与其他动物的差别）：“能够制造和使用生产工具”。这样，人的定义就可以表述为：“人是能够制造和使用生产工具的动物。”

又如教室，它至少是一间房屋。那么，教室这种房屋与其他房屋有什么不同呢？哦，它有黑板、老师、讲台、课桌、学生等等，它不是用来睡觉、会客、炒菜的地方，这就是教室这种房屋与其他房屋相区别的种差。由此，教室的本质就找到了：老师讲课、学生读书的房屋。

再比如母亲，它的定义或本质是：有子女的女子是子女的母亲。

比如正方形，它的本质是：正方形是四个边长都相等的长方形。

那么请问：爱情的本质是什么？目标的本质是什么？执行力的本质是什么？成功的本质是什么？“抓住事物本质”的本质又是什么？

使用“属＋种差”的方法去思考，都可以逐一找到概念的内涵。慢慢地形成一种思维习惯，准确而迅速地理解、掌握和运用思维工具，辅以专业的思维训练，突破种种认识的局限，抓住事物的本质，就可以让自己变得学识渊博、言辞犀利、思想深刻。

长此以往，无论我们怎么选择、选择什么，只要我们牢记突破口在哪里、突破口是什么，找到了突破口之后再紧紧抓住，我们就不会偏离主要的和主攻的方向，就有能力在一团乱麻中抓住关键，从而出奇制胜。

四、突破关键点

俗话说，打蛇要打七寸。因为，七寸处是蛇的心脏位置；如果没有打中七寸，蛇会反过来咬人。所谓关键点，就是在每一个特定的时刻，竭尽全力去专注于更有价值的事情，作出最有价值的行动。

阿基米德说：“给我一个支点，我可以撬起整个地球。”

总有一种关键因素，是走向成功的起点。

总有一种关键因素，是获得成功的要点。

挖掘自己的闪光点

闪光点，就是个人的核心竞争力或独特魅力，也是一个人的个性名片。对自己而言，就是独家秘技与看家本领，也就是俗话说的“一招鲜，吃遍天”；对外界而言，只有让别人充分认识和了解你的创造价值与独特能力，你才可以拥有更多的机会，最终将被动接受变为主动选择，将隐性机会变成现实平台。

农业经济时代，自给自足的小农经济，崇尚先进和榜样的力量。

工业经济时代，大机器和流水线生产，强调个人的组织纪律性。

知识经济时代，对人的个性化要求高，追求竞争力与合作精神。

有一种说法，“茶壶里煮饺子——有货倒不出”。市场经济已演变成眼球经济，而眼球经济不相信眼泪，喜欢追逐广告、包装、策划与创意。东施尚且懂得效颦，你如果不能把个人的核心竞争力发挥到极致，不能把竽吹奏得悦耳动听，又有谁能断定你不是南郭先生呢？有一句民间俗语说得好：会叫的孩子有奶吃。如何证明你“会叫”？如何叫得出、叫得响、叫得欢？

社会需求的多元化与复杂性，要求我们每个人，能够提供相对应的产品、资源、智力或服务。电视连续剧《天道》有一句台词：“两败俱伤，你比他多一口气，你就是赢家。”请问，这个赢方多出来的一口气，是怎么来的？答案也许是赢方的核心竞争力超过对方，所以多了一口气。“赢”其实就是，要有危机意识（亡），要学会沟通（口），要珍惜时间（月），要善于投资（贝），还要有平常心（凡），组合起来就是“赢”。

传播学有一个“沉默的螺旋”理论：

人们在表达自己想法和观点的时候，如果看到自己赞同的观点受到欢迎，就会积极参与进来，将这类观点越发大胆地发表和扩散；如果发觉某一观点很少有人理会，或被群起攻之，即使自己赞同，也会保持沉默。最后的结果是，一方意见的沉默造成另一方意见的增势，如此循环往复，形成一方的声音越来越大，另一方越来越沉默。

王小波在《沉默的大多数》中说过：“我选择沉默的主要原因之一，从话语中，你很少能学到人性，从沉默中却能。假如还想学得更多，那就要继续一声不吭。”你是属于王小波所说的“沉默的大多数”，还是敢于呈现闪光点？

有些人风度翩翩，有些人口才出众，有些人创意十足。每个人都是独一无二的个体，都赋有自我实现、自我超越的神圣使命。我朴实无华，可以笨鸟先飞，我平平凡凡，坚信勤能补拙……都是在培养个人的闪光点。

对于整个人类而言，无数人只是“人员”，少数人算是“人才”，个别人才是“人物”。意志力是人的最高统帅，创造力是人才的分水岭，洞察力显示你高人一等，凝聚力能有效配置资源，适应能力让你如鱼得水，社交能力帮你获得成功，人格魅力助你独领风骚……那么，你所拥有的“独门秘籍”和“看家本领”，到底是什么呢？

只有你行，你才会赢。

厘清质变的临界点

谁都知道，水烧到100摄氏度才会变成沸水而汽化。那么，促成水从液态到气态这一质变的临界点是多少摄氏度呢？是50摄氏度吗？不是，是99摄氏度。即使烧到了99摄氏度，如果不添加最后一把火，水仍然是水，而且会逐渐变成冷水。

量变，是事物数量的增减或场所的变更，一种渐进的、不显著的变化。

质变，就是事物根本性质的变化，是事物渐进发展过程的中断与升华。

量变质变规律，揭示了事物因矛盾引起的发展过程和状态以及发展变化的特点，从量变开始，质变是量变的终结。这个规律给我们以下启示：

●坚持适度原则：只有在一定的范围之内，事物才能保持其原有的性质。所以，必须把量变控制在一定的限度之内。为人处事要注意分寸、掌握火候，坚持适度的原则。

任何事物都有底线，不能突破或否定“事物本身”。守住底线，就守住了事物的本质，就守住了底线之内的自由，也守住了为人处世的根本。

●重视量的积累：量变是质变的必要准备，学习和工作中，首先要坚持量的艰苦积累，要有脚踏实地、埋头苦干的精神，反对急于求成。一方面，心急吃不了热豆腐，该出手时才出手，如果未到时机与火候，那就仍需要等待和加油。另一方面，社会发展静水深流，重视量的积累与变化，才能防止做温水中的青蛙。俗话说，学好千日不足，学坏一日有余。所以，勿以善小而不为，勿以恶小而为之。

●充满必胜信念：质变是量变的必然结果，是不以人们的意志为转移的趋势和规律。因此，在进行量的积累时，不能因量变的漫长和艰辛而失去信心甚至放弃。量变的终点肯定有意义，量变过程中苦其心志、劳其筋骨同样有意义。有过恋爱经历的人，都体会过恋爱过程的煎熬；恋爱如此，其他人生领域也是如此。如果不想让自己的人格骨质疏松，就应该学会在特定的时刻享受孤独，品味细节，品味过程，品味模糊色彩和朦胧气息。

●及时促成飞跃：事物的发展最终通过质变来实现，没有质变就没有本质性的进步。所以，在量变已经达到一定程度时，要果断地、不失时机地突破其原有范围和限度，积极促成质变，实现事物或自我的飞跃式发展。

人民解放战争时期，有些人建议国共两党“划江而治”，毛泽东一边赋诗作答，“宜将剩勇追穷寇，不可沽名学霸王”，一边与朱德总司令发布向全国进军的总号令，“打过长江去，解放全中国”，命令人民解放军奋勇前进，坚决、彻底、干净、全部地歼灭敌人。

●高度重视质变：既然质变能体现和巩固量变的成果，并为新的量变开辟道路；那么，在学习和工作中，要有敢于突破的勇气和敢于破旧立新的精神，不断把工作和事业推向新的阶段，不做满足于微小进步的庸人。

有一句古话说“行百里者半九十”，意思是说走一百里路，走了九十里，也只是走了一半。这句话告诉我们：越接近目标就越艰难、越关键，就越要一鼓作气、善始善终。许多人刚开始的时候充满雄心壮志，可是随着时间的推移，慢慢便疲软下来，最后功败垂成、无果而终。

在目标即将达成的时刻，对自己大喊一声：加油！

专注价值的关键点

在股神巴菲特的办公室，贴着一张对巴菲特投资理念影响极大的一个人——美国棒球手泰德·威廉斯的海报。泰德被称为“史上最佳击球手”，在美国《体育新闻》杂志评选的史上百位最佳运动员中，排在第八位。其在棒球界的地位，一点儿都不比巴菲特在金融圈的声望低。

泰德曾提出一个影响深远的观点：高击打率的秘诀是，不要每个球都打，而是只打那些处在“甜蜜区”的球。他把击打区划分为77个小区域，每个区域只有一个棒球大小，只有当球进入理想区域时才挥棒击打，这样才能保持高击打率。

这种策略听起来简单，在实际比赛中却非常难操作，特别是在决定胜负的关键时刻。几万名观众绷紧了神经，用期待的眼睛看着你，当球飞过来的时候，如果不打就将迎来全场的嘘声。这时候，坚持“只打高价值的球”就需要极强大的定力和冷静的内心。

在战略上专注并用最有把握的方式取胜，被称为“高手战略”。

学习成绩好的学生，不一定是最用功的人，往往是能举一反三的人。

工作效率高的职员，不一定是最勤奋的人，而是合理安排时间精力的人。

成功概率高的宠儿，不一定是最走运的人，往往是将全部力量集中于主攻方向和最大目标的人。

心理学家将三只狗分别关在不同的笼子里。第一只狗被施以电击，当它触碰到笼子里的按钮时，电击就会停止。第二只狗同样也被施以电击，却没有任何按钮，因此只能待在笼子里遭受电击，没有任何反抗能力。第三只狗，没有被施以电击。

隔了一段时间，重新把这三只狗放进笼子里。这次每只狗都被施以电击，笼子里都有能让电击停止的按钮。实验结果发现：第一只狗因为有过触碰按钮的经验，很快就会去尝试踩按钮；第三只狗因为未曾遭受过电击，因此也能在第二次实验中尝试学习，以避免继续遭到电击；第二只狗由于上次的电击让它毫无反抗能力，因此没有作任何尝试，只是拼命地哀鸣。

这个试验告诉我们，三只狗最有价值的关键点是按钮。第一只狗有触碰按钮停止电击的经验，于是，它能举一反三去踩按钮。第二只狗没有避免电击的任何经验，所以，只能哀号。第三只狗没有被电击的经验，面对第一次被电击，也能尽量地尝试避免。

有许多无能为力，是自己学习来的。

负面遭遇没停止，寻找突破不放弃。

有无经验不重要，敢于尝试才重要。

我们经常听到“效益最大化”“将政策用足”“优化组合”之类的说法，其共通的要求是：进行资源整合，优化资源配置，有进有退、有取有舍，获得整体效益的最优；能对不同来源、不同层次、不同结构、不同内容的资源进行识别与选择、汲取与配置、激活与融合，使其具有较强的柔韧性、条理性、系统性和价值性，创造出新的资源，取得1+1＞2的效果。

学会专注于更有价值、最有价值的行动选择，才能从人群中脱颖而出，实现人生价值的最大化。

确立成功的支撑点

策划大师王志纲说：“条条大路通罗马，要找出最近的那一条。”

成功者需要自我定位，需要树立目标，需要整合资源，需要珍惜时间，需要讲究方法，需要付诸行动……也需要支撑成功的创意、创新与创造。

创造力是指产生新思想、发现和创造新事物的能力，比如，提炼新概念、新理论，发明新设备、新技术，创作新规则、新作品。创造力是知识、智力、能力等因素综合优化构成的，它要求人的全部体力和智力的高度集中，以及创造性思维处在最高水平线运行。创造力与一般能力的区别，在于它的新颖性和独创性；其主要表现方式是发散性思维：无定向、无约束地探索未知的思维方式。

来看下面的广告词：

●今年过节不收礼，收礼只收脑白金。

——利用中国人礼尚往来的文明传统，让脑白金成了知名品牌。

●劲酒虽好，可不要贪杯啊！

——利用逆反心理，让无数人忠于劲酒品牌、处处指名消费。

●向伊利学习，争创内蒙古乳业第二品牌！

——初创阶段利用跟随战略、马太效应和“挤进高级俱乐部”的策略，蒙牛一夜之间声名鹊起。

类似的创意有很多，都是一种智能拓展、思想碰撞和智慧对接，是超越自我、创造未来的能量魔方。科学技术的创新很难，我们可以转而求其次，学习发达地区的新潮业态，发挥利益伙伴的最大潜能，深耕重点客户的需求市场，也能产生新的效益。

创造力高的人对事物的感受性特别强，拥有求知欲和好奇心，重视思维的流畅性、变通性和独创性，对于客观事物观察敏锐、想象丰富，产生强烈而浓厚的兴趣，善于抓住易为常人所漠视的问题或商机，由此精思入微，获得灵感创意。

五、简单也是执行力

简单，就是无须招数，目光犀利能够直达事物的本质。

简单，就是直接有效，将全部的力量集中于关键要害。

简单，就是不再重复，用最少的环节完成目标和任务。

世界上最短的一首诗，标题与诗文译成汉语才三个字，是法国作家雨果创作的《生活》，全诗仅有一个字：网。

任正非在讲话中指出："未来的胜利是极简的胜利。如果我们能做到极简，这世界还有谁能打赢我们？极简是对准客户的，留给自己是极其复杂的，而现在电子技术、芯片技术、计算技术等各种新技术已经能够把复杂问题简单化、智能化。我们要做到极简的网络、极简的商业模式、极简的组织结构、极简的流程，什么都极简，就是收入极多。"

简单是一种能力，也是一种智慧，是指尊崇朴素、理智、从容、克制、淡定和谦卑。法国报纸征文：如果卢浮宫失火，应该先抢救哪幅画？最佳的答案是：抢救离出口最近的那一幅。

当下，流行一种管理方法：简单粗暴，直接有效。

人的一生，总是处于各种利益与情感关系的纠结之中，外在客观条件和内在主观因素，无时不在发生着变化，各种复杂的问题和艰难的危机会随时出现。之所以会这样，是因为人类社会呈现出越来越复杂的趋势。

生活节奏日益加快，让人难以承受；人际交往日益频繁，让人难分善恶；信息传播应接不暇，让人难辨真假。组织管理的层级增多，流程延长。思考问题的方式复杂，解决问题的方案复杂，导致决策和行动迟缓、工作效率低下。过于追求细枝末节，反而忽视了关键问题。广告与包装花样翻新，人生的装潢艺术代替了生命的诗性沉思。

正因为如此，人们才会追求简单、渴求纯粹。

对事不对人

中国向来有"先小人后君子""丑话讲在前面"的说法与做法，主张事先把计较利益得失的要求说清楚，充分讨论全面沟通，然后再讲情谊，免得事后因角度不同、观点不一而纠缠不清。如果出于血缘、经验、情谊、面子等的顾忌而没有约法三章，往往后患无穷。

处理人际关系，有一种典型的中国智慧："对事不对人"。其核心策略是：就事论事，只是评判事实的对与错、优与劣、好与坏，努力寻找更好的解决办法与途径，不对事件中的人（人格、个性、能力、态度等）发表意见。

"对事不对人"有助于正确思考。"对事"是一种理性思考，要求当事者有客观务实的胸怀，进行公正无私的沟通与管理；"对人"容易导致言说者与倾听者的情绪化，滋生人事矛盾，导致决策失误或效率低下。

"对事不对人"讲究的是宽容、体谅、关心、帮助与鼓励，而不是一味地训斥、批评或责怪。这种沟通与处置方式，包含了人情味和同理心，又隐含着纪律性与原则性。从根本上讲，"对事不对人"不仅引导倾听者以良好的心态寻找方法与出路，也有助于言说者个人素质的提升，还能简化和净化人际关系的环境。

定位越小越可行

有一种主张：与其更好，不如不同。

与其在浅滩中与同质化的竞争对手厮杀，不如深耕一处细分市场；即使是在同一个领域里，也可以占据价值链的不同位置，或定位于不同的细分市场。硅谷创投教父彼得•蒂尔说："互联网的核心是垄断而非竞争，创业公司应该去找到一个细分市场并垄断之。"

换言之，细分市场，足够专业。

可口可乐告诉全世界，我们是正宗的可乐。百事可乐想，正宗就是传统，而传统就是“老”，于是定位“年轻态”。这样一来，年纪大的人想凸显年轻，也选择百事品牌。

小米的定位是“发烧”，先获得铁杆粉丝的忠诚度，自内而外扩散小米品牌的美誉度，再形成相当规模的知名度。

海飞丝的定位是去头屑，飘柔的定位是柔顺，潘婷的定位是营养头发，沙宣则可以为消费者提供专业的护理。这四种定位，都是宝洁创造出来的。宝洁没有来到中国之前，我们用一块肥皂，就可以洗头、洗脸还洗澡。但是，自从宝洁进入中国市场，我们就发现洗头这件事变得越来越复杂。宝洁通过多品牌战略和单品牌细分定位，彻底改变了中国人的洗头方式与习惯。

良田千顷不过一日三餐，广厦万间只睡卧榻三尺。

人生就是如此，足够少，但足够好；做减法，扔掉不必要的包袱和累赘，才能把更多更有价值的事物请进生活中来。有时候，幸福的人生并不是累积而成的，而是要通过割舍来获得。

最佳的制胜规则

武林的高手，一招制敌，击中要害。

高明的医生，一针见血，药到病除。

精明的商人，一招领先，步步领先。

海尔两年裁减了中层管理岗2万人，量化分权成立2000个自主经营体；腾讯重点发展社交、游戏、网媒、无线、电商和搜索六大业务，重塑“小快灵”的创业特质；阿里成立25个事业部，拆大分小。

许多人面对问题，总是患得患失、丢三落四，既不能看清楚问题的真正面目，更不能从根本上消除危机。在这样的情况下，有一种有效的甚至是高明的方法：化繁就简，用简单化解危机。

有一位教授带研究生，针对每个人的研究方向开出一个书单，一周之后让每人用半个小时、5分钟、一句话，介绍一本学术专著的内容。刚开始时，学生们情愿花费30分钟口若悬河、头头是道，因为他们很害怕，用一句话抓不到专著的要点。一年后，学生个个掌握了用一句话、一个词点评一本书的能力。

有一个著名的试验，邀请了很多学者参加，让每个人都写出他们心目中“竞争中制胜的最佳规则”，然后翻译成计算机程序，让计算机模拟不同的规则展开竞争。最终胜出的规则是：针锋相对。

这一策略包括三条原则：

如果别人不欺骗，自己永远不要欺骗。

如果别人欺骗，马上对欺骗者进行惩罚。

如果欺骗者悔改了，马上宽恕他，返回合作的轨道。

这一策略之所以能够胜出，一是因为它是善良的；二是因为它是简单的。被淘汰的很多规则，都是因为过于复杂。说谎就是一个复杂的规则，说谎者为了圆谎，就必须再撒更多的新谎，到最后谎言会变得无比的复杂，必然是漏洞百出，不攻自破。

古人说：大道至简。就是指，真正的智慧能洞察事物的本质，本质的东西看起来都是简单的，简单到一两句话就可以说明白。高人指点迷津，一语道破天机，不用太多言词。许多政治领袖的政治主张提纲挈领，能把复杂的问题简明扼要地说清楚，让人如沐春风。

老子曰：道生一，一生二，二生三，三生万物。

王国维《人间词话》开篇即说：词以境界为最上。有境界，则自成高格，自有名句。又说古今之成大事业、大学问者，必经过三种境界：

第一境界：“昨夜西风凋碧树，独上高楼，望尽天涯路。”这是说成就大事业的人，首先要有执着追求，登高望远，勘察路径，明确目标与方向，了解事物的概貌。

第二境界：“衣带渐宽终不悔，为伊消得人憔悴。”就是说，为了心中的目标坚定不移，废寝忘食，孜孜以求，直至人瘦衣宽也不后悔。

第三境界：“众里寻他千百度，蓦然回首，那人却在灯火阑珊处。”反复追寻探索，才会豁然贯通，才能从必然王国进入自由王国。

简单不等于纯粹，有两种不同的简单：

一种简单是四肢发达、头脑简单，或者受教育少，心智尚未开发。这种简单只看到事物的表象，不去想“为什么”，没有上升到理念、信念或信仰的层次，也不能洞悉事物的本质和规律，难以坚持长久。在新的流行趋势、新的生活观念、新的媒介传播的影响与诱惑下，容易出现新的波动与变化。一旦身陷迷局，往往就难以应付。

一种简单是曾经沧海之后返璞归真的简单，经过了许多次否定之否定和螺旋式上升，将沧海桑田了然于胸，把是非曲直透彻顿悟，看成败得失淡定从容，这种境界已洞察生活的因缘福祸，能够超越一切繁复、迷局与表象，做到心境澄明淡定从容。这样的人兴趣专一、目标明确、精力集中、方法得当，成功对于他们，只是时间迟早和顺理成章的事。

正所谓，世事洞明皆学问，人情练达即文章；万般千古事，得失寸心知。一个人若想尽早、尽快进入这样的美妙境界，需要全面地修养心灵。

第六课

修养心灵

幸福人生

不乱于心，不困于情，不畏将来，不念过往，如此，安好。

——丰子恺

2016年，北京大学心理咨询师、临床心理学博士徐凯文的《学生得了空心病 30%北大新生厌学》在微信上热传，“空心病”一词被公众熟知。

“空心病”的说法较为形象，被用于指称大学生普遍存在的迷茫、焦虑、情绪低落、兴趣减退、快感缺乏，甚至自伤自杀等情绪和行为；其最显著的特征是意义感与存在感的缺失。

对于中国象牙塔顶端的北大，这种情形更加引人注目。

为何这些优秀的学生有强烈的孤独感和无意义感？反映出教育现存的哪些问题？原因在于，在中国经济高速发展的大背景下，社会风气越来越浮躁；学校和家长忽略了孩子心性的自然成长与兴趣的正当追求，多数学生的价值观被塑造为“一切向分数看”。对于学校和家庭而言，“空心病”是前所未有的挑战。归根结底，大学生的“空心病”是整个社会的空心与异化造成的，理应倒逼社会各方反思自身的问题并找到医治良方。

另一方面，自我们出生以后，由于社会大环境的影响和自我意识的膨胀，主观意念已看不清许多事实和问题，久而久之便形成了心灵的“表层意识”，在本心和真心的表面覆盖一层尘垢。睁开眼，只见五彩缤纷；张开耳，又听百音杂陈；敞开心，不免想入非非。情感时常和理智交战，欲望常年与德性为敌。许多人的心灵，似乎已支离破碎，缺乏一个完整而统一的心。

现代社会有多种现代病，不修心，会活得很苦、很假、很不值。

一、远离当代人的空心病

生活中，常见中国式过马路（凑够一群人就可以走了，和红绿灯无关）、中国式接孩子（各种交通工具毫无秩序地把马路塞得满满当当）、中国式跨栏（翻越马路护栏）、中国式并线（开车强行变道）、中国式堵车（逆行造成的堵车）、中国式吐痰（随地吐痰）……都说明要提升个人的素质与修养。

生活充满了辩证法，我们在努力修养心灵的同时，先要面对身边的负面影响。经济的飞速发展，让国人远离了贫瘠匮乏的物质世界，却又同时失去了单纯坚贞的精神世界。正如邓小平所说："窗户打开了，新鲜空气进来了，蚊子和苍蝇也进来了。"大学生所患的"空心病"，社会上也时有所见。有些人的心灵已缺乏强大的原动力，精神无所寄托，道德水准日益滑坡，幸福感被稀释，精神家园摇摇欲坠而需要重建。

虽然是局部与个别现象，却需要我们提前预防。

忙于折腾会遮蔽意义

忙忙碌碌，琐琐碎碎，工作忙，生活忙，休闲也忙，为什么而忙并不清楚也不追问；休闲也只是为了闲后更好地忙，旅游专往人堆里钻，兴趣专往热闹里凑，观念专往世俗里靠；过于追求偏门和细节，反而忽视了关键与本质；以职场的规则约束亲情，折腾够了自己再折腾家人；以体罚的方式对待自己，让忙碌占满时间、耗尽精力……于是，便可以不再去发展、去健全自己独特的个性，便可以不再去沉思、去追索人生的价值。

周国平认为："太热闹的生活始终有一个危险，就是被热闹所占有，渐渐误以为热闹就是生活，热闹之外别无生活，最后真的只剩下了热闹，没有了生活。只有安静下来，人的心灵和感官才是真正开放的，从而变得敏锐。"

不能说喜欢忙碌、喜欢热闹就绝对不好，也不能断言这样的人生就完全没有价值；只是，对于唯一的人生而言，这样的生活价值并没有最大化。

盲目跟随致自我迷失

法国心理学家约翰•法伯专门做了一个试验：

他找来一个花盆，花盆里面有很多绿草，然后他将一些毛毛虫放在花盆的边缘上，使其首尾连接，围成一圈。不一会儿，便有毛毛虫开始向前移动，其余的也一个跟着一个向前爬。

出人意料的是，毛毛虫就这样子沿着花盆的边缘一圈又一圈地爬行，仿佛不知疲倦，丝毫没有意识到这是一个毫无意义的圈。

许久之后，毛毛虫们精疲力竭，相继饿死。

后来，科学家把这种喜欢跟着前面的路线走的习惯，称为"跟随者"的习惯，把因跟随而导致失败的现象称为"毛毛虫效应"。

缺乏主见才会盲目，自我定位不清晰的人缺乏个性、追随大流，或无心或无力树立真正的精神信仰。由此，将进一步导致心灵没有伸缩性，境界缺乏层次感，处事不问为什么，人生看似熙熙攘攘，也许空洞无物。

盲目者容易陷入两种极端：一种像墙上芦苇、风中柴草，见风使舵，人云亦云，或者有奶便是娘，变成了实用主义；另一种是固执机械、呆板教条，既然没有别的东西可以坚守，至少也要牢牢抱住习以为常的惯性，有点教条主义的味道。有些人硬套着固定不变的观念、认一个心中的死理去生活，看似富于个性和主张，其实并未成就真正独特的自我。

精于算计必漠视同类

一切以自我为中心，以个人利益为思想、行为的原则和评价是非的标准。事不关己则高高挂起，事若关己便忙于算计；情感寡淡，心灵冷漠，缺乏对公共规则、对生命、对同类和弱者的敬畏、悲悯与感恩之心。最严重者从自私的目的出发，不讲道德、不择手段、不顾廉耻地追逐名利、地位和享受，甚至对家人和朋友，也是如此。

这些人会在人前人后使用两套标准、拥有两种面孔。比如对上卑躬屈膝，对下居高临下；台上装腔作势，台下上下其手。总之，具有对别人或者对自我的高明演技，甚至把这样的表演当成了生活本身。

一味拜金使心灵荒芜

有些人视财富、地位、成就等物质因素为成功的最高标准，并以成功为人生的唯一或主要目的，陷入一种越物质越空虚、越空虚越物质的恶性循环，都表明这些人所获得的只是一种浅表性的生存，内心其实如同荒漠，严重者已扭曲和异化为物欲的附庸。

这些年来，一方面国家反腐败成绩斐然，另一方面社会潜规则并行不悖，道德危机此起彼伏，有些地方的百姓甚至笑贫不笑娼……尤其是政府官员、精英阶层、社会名流、娱乐明星等群体，掌握着公权力和社会影响力，如果不讲道德、不守法纪，其对社会风气与价值观念的杀伤力会更大。

拜金主义是市场经济的正常产物，个人凭本事吃饭、有能力拜金，本来无可厚非；为了金钱而出卖人格、贞操或信念，如果是个人私密，也只是其自己的灵魂病入膏肓。但是，如果是拿公共资源或集体利益去作肮脏交易，则必然要从道德审判上升到法律制裁。

沉迷幻想将失去希望

许多人在遇到挫折或困难时，或者为了逃避残酷的现实，或者一时挣脱不了命运的摆布，又或者是心智年龄远远小于生理年龄的巨婴，很容易脱离客观实际而想入非非，让自己沉浸在想象的世界中，企图以虚构的、臆造的图景，来应付挫折、规避压力、获得满足——这便是幻想。

沉醉于幻想中的成年人，模糊了虚拟世界、现实世界和真实自我的界限，浪费了宝贵的时间、资源和精力，失去了追求成功的精神斗志和自我超越的内心动力，变成了一个纯粹的财富消耗者，变成了人口统计的冰冷数据，变成了家庭与社会的包袱。

正面的典型无以穷尽。比如，这几年传统企业的爆品王褚时健栽种的“褚橙”成了励志橙，他的故事和创业精神，深深影响了包括柳传志、王石等大佬在内的中国企业家，以及无数正在为明天奋斗的年轻人。

已经90高龄的褚老接受采访时指出：“现在社会上有太多的人，想做些可以一蹴而就的事，都想找一条直路走。尤其是年轻人期望值很高，进入社会刚几年，就想搞出大名堂，很多人想一夜暴富，不能承受短期内没有回报的事。实际上不是这样的。人生的很多事，不是一条直线。人在年轻的时候，要先学会吃苦，要实实在在地挣钱，才能拿得住。”

幻想者在生活中的具体表现：

●守株待兔，不劳而获。

“长大不成人”的“啃老族”与“坑爹族”，自称“粉丝”的“追星族”，“我爸是李刚”的“官二代”，“跑部钱进”的各级政府与各类企业，“嫁人要嫁黄世仁”的“剩斗士”……所有这一切，或多或少都有“美特斯邦威，不走寻常路”的影子。仅仅一个“啃老”，如今又已发展为啃老房、啃老剧、啃老文化等多种形态。

●好高骛远，想入非非。

找工作要一步登天，创事业要一夜暴富，打比赛要一战成名；或者责怪出身不好、父母无能，或者责怪环境不好、资源欠缺，或者又责怪世人不好、社会不公，从来不在自己身上找原因；大事做不了小事不愿做，心浮气躁、眼高手低；整天沉迷于幻想、妄想、假想或狂想之中，等待天上掉馅饼。

●忘乎所以，急功近利。

以非正常、不理智的投入方式或自己无力承担的数额，购买、炒卖股票彩票期货电子现货甚至“六合彩”，加入地下钱庄，参与非法传销……无不暴露出急切致富的不当心态。

以彩票为例，美国肯塔基大学、匹兹堡大学的经济学家们，联合开展了一项研究，他们搜集了从1993年到2002年之间佛罗里达州“幻想5”彩票的34 987名中奖者资料，然后将这些资料与佛州的破产记录相互比照。结果显示：中奖并不能降低破产的可能性，充其量也只是推迟破产。

研究人员给出了解释，彩票玩家的收入和教育程度比平均水准低，影响了他们的理财能力；中奖者可能会对中奖得来的钱不太在乎，花起来不像自己辛辛苦苦挣来的钱那么谨慎；多数中奖者因一夜暴富而感到不安，而得奖者的亲朋好友认为巨额奖金中应该有他们的一份，一旦无法得到，反目成仇则是经常的事。

●见利忘义，铤而走险。

手法不断翻新的赌博与诈骗，都属于这种类型。赌博包含了贪欲与冒险、投机与侥幸等多种心理，希望以较少的投入获取较多的财富，输了想“翻本”，赢了还想赢，极容易使人失去自制力而欲罢不能。

在百度输入“诈骗”一词，可以搜索到集资诈骗、团购诈骗、网络诈骗、 购物诈骗、中奖信息诈骗、电话诈骗、合同诈骗、保险诈骗、信用卡诈骗、贷款诈骗、电信诈骗、情感诈骗……

骗子精心设计花言巧语，都是以非法占有为目的，用虚构事实或者隐瞒真相的方法，骗取财物。行骗者诱惑着受骗者投出“馅饼”，其实受骗者中的绝大多数人，又何尝不是满怀期待地等待着天上掉“馅饼”？

生活是复杂的，人生是艰辛的。太多的时候，个人的力量是如此的渺小，面对残酷的现实，除了默默地忍受坚守，找不着有效的解脱途径，便只有独自在内心里妄想、臆想、假想，用以释放压力、维护自尊，体验在现实世界无法完成的愿望，由此获得一种精神快感和心理满足。

我们所批判的，是并未遭受命运重创却又终日幻想的正常人。需要注意的是，成年人的幻想有很多变种：痴迷于赌博聚财、沉迷于网络游戏、幻想着成功捷径、热衷于致富秘方等，都是精神的麻醉剂与心灵的迷魂汤。

古今中外有多少人受过宫刑？

可是只有一个司马迁，含垢忍辱以其“究天人之际，通古今之变，成一家之言”的史识，以及“人固有一死，或重于泰山，或轻于鸿毛，用之所趋异也”的见识，完成了“二十五史”之首的史学巨著《史记》，记载了从上古传说中的黄帝时期到汉武帝元狩元年长达3000多年的历史，被鲁迅誉为“史家之绝唱，无韵之离骚”。

古今中外有多少人双耳失聪？

可是只有一个贝多芬，能够“集古典主义之大成，开浪漫主义之先河”，在失聪之后继续创作出《C小调第五交响曲》即《命运交响曲》。贝多芬在第一乐章的开头，写下了一句引人深思的警语：“命运在敲门。”这一主题贯穿全曲，体现了作者与命运搏斗的思想，“我要扼住命运的咽喉，他不能使我完全屈服！”这是一首英雄意志战胜宿命论、光明战胜黑暗的壮丽凯歌，使人感受到无可言喻的感动与震撼。此曲声望之高，演出次数之多，可谓交响曲之冠；贝多芬由此被后人尊称为“乐圣”。

爱因斯坦说：“每个人都有一定的理想，这种理想决定着他的努力和判断的方向。在这个意义上，我从来不把安逸和快乐看作是生活目的本身——这种伦理基础，我叫它猪栏式的理想。照亮我的道路，并且不断地给我新的勇气去愉快地正视生活的理想，是善、美和真。”

有一个关于人生秘诀的故事，可供我们借鉴：

30年前，一个年轻人离开故乡，开始奔向前程。

他动身的第一站，是去拜访本族的族长，请求指点。老族长正在练字，看到本族有这位后辈开始踏上人生的旅途，就写了三个字：不要怕！

老人抬起头来望着年轻人：“孩子，人生的秘诀只有六个字，今天我先告诉你三个，供你半生受用。”

30年后，年轻人已人到中年，他回到家乡，直接去拜访族长。到了族长家里才知道老人家早已去世，家人取出一封信函：“这是族长生前留给你的，他说有一天你会再来。”拆开信封，里面是赫然三个大字：不要悔！

这个故事启示我们，年轻人需要的是冲劲、胆识和锐气，在敬畏规则与守住底线的前提之下，要敢于冒险。所以，中年之前不要害怕，大胆闯世界，仗剑走天涯。中年之后，面对身体机能全面下滑的现实，不要整天埋怨与悔恨，应该拥有超然的生活智慧。到了老年，则要平淡隐忍，安静休养。

生活智慧提示人们，要正视生命中的负面力量。

二、化解负面的心理力

古话说，金无足赤，人无完人。

可是，人海中偏偏有一群完美主义者。他们只喜欢风和日丽，其实自然界每天都有暴风骤雨。完美主义者追求精确、圣洁与圆满，其根源来自非好即坏、非此即彼的二分法思维模式。

如果一个人总是追求完美，就会注意培养自己，比如，他们的事业心与进取心非常强，富有创造、创新和改革的勇气，相对具有领导者的优秀气质，这是可取的一方面。但是，完美主义者总会不满足现状，甚至对什么都看不顺眼，从而使自己陷入纠结与矛盾之中。久而久之，完美主义者容易让性格越来越固执、个性越来越好强，现实的挫折会让他们的情绪忽冷忽热，最后产生自恋与自傲，导致精神压迫症与心理障碍。

我们并不是生活在一个和平的年代，只是有幸生活在这个和平的国家。岁月静好的背后，有无数人在为我们负重前行。悲欢离合、生老病死，那是自然的规律与时间的无情。总有一个人、一群人，在默默地爱着我们。

不完满才是人生

人生不如意者，十之八九。大到一个人的事业与生活，小到具体事件的过程与细节，不完美、存缺陷、有遗憾，才是真正的常态。季羡林先生说过：“每个人都争取一个完满的人生。然而，自古及今，海内海外，一个百分之百完满的人生是没有的。所以我说，不完满才是人生。”

老子说：“胜人者有力，自胜者强。”

1982年出生于澳大利亚的尼克·胡哲，来到人世就患有一种罕见的没有双臂双腿的先天性畸形，10岁那年他意识到“人要为自己的快乐负责”，于是克服常人难以想象和忍受的困难，学会了游泳、潜水、冲浪、踢足球、玩滑板、打高尔夫，21岁获得会计及财务规划双学位。

从17岁开始，尼克·胡哲面向大众介绍不屈服于命运的经历，迄今已到过35个国家和地区，其中6次来到中国，举办演讲1500场次，全球超过6亿人知道了他的非凡人生。

生活到底有多难呢？放眼我们身边的人群，有些人光是为了活着，就已拼尽全力！尼克•胡哲的经历再次印证了一个基本的道理，人生最大的对手是我们自己。无论环境的制约、条件的限制与奋斗的艰难，人生的使命感都需要我们裹挟着满身的风雨和血泪，大踏步走在人生的大道上！

面对不完美，正确的态度应该是：

●正视现实环境：成功者总是能够与现实保持良好的接触，一方面发挥自己最大的能力去适应或改造环境，以求主客观的和谐互动；另一方面，在力所不及、条件缺乏或时机未到的情况下，又能果断地自我调整以适应现实环境。“不是不知道，世界真奇妙。”如果意识到还有太多并未看到、并未看清和并未看懂的世界，目前的位置便只是一个新的起点。

●懂得妥协让步：乐于与家人、朋友及重要他人交往沟通，和利益攸关方保持良好关系，是获得成功的先决条件。处理工作、生活尤其是情感中的问题，坚持原则、尊重规则、守住底线，在非根本与非整体的问题和细节上，无须过分较真，以减少烦恼。

可以经常问问自己：一小时、一天、一周甚至一年后，我还会这么在乎眼前的这件事情吗？眼光远一点，心胸宽一点，生活不是时时刻刻都充满了大是大非，人生也没有永远过不去的沟沟坎坎。

●对自己不苛刻：有些人把目标定得太高，一时实现不了，于是终日里郁郁寡欢，实为自寻烦恼；有些人对事情要求尽善尽美，有时近乎苛刻，往往因为小小的瑕疵而自责，受伤的还是自己。跳一跳，够得着，应该把目标与要求，定在自己的能力、资源与平台能够承受的范围之内。

●对亲人不苛求：父母希望儿女成龙成凤，是人之常情。其实，每个人都有自己独特的生活道路与人生轨迹，一味强求亲人迎合自己，也许会适得其反，结果弄得关系僵硬、亲情疏远。都说清官难断家务事，生活习性必须求同存异，家庭责任需要分工担当，个人兴趣适宜各自保管，还有柴米油盐的盘算，还有前行步调的参差，多一分包容便多一分宁静与和谐。

人生的残缺，提醒我们尽量完善。

生活的错误，督促我们尽快改正。

曾经的遗憾，推动我们尽力弥补。

客观面对，及时调整，人生反而会实现自我超越，更加趋于成熟。真正的和谐，应该是正视矛盾性、包容差异性、强调发展性，追求事物的动态平衡与关系的根本稳定。

挫折是成功的催熟剂

1965年9月7日，世界台球冠军争夺赛在纽约举行。刘易斯•福克斯以绝对优势领先，只要再得几分便可以稳拿冠军了。

就在这时，一只苍蝇落在了主球上，他立即将苍蝇赶走。可是，当他再次俯身击球时，那只苍蝇又落到主球上。每次只要他准备击球，苍蝇就会重新落到主球上。刘易斯•福克斯的情绪恶劣到了极点，终于失去理智，突然用球杆去击打苍蝇，结果触动主球，裁判判他击球，他失去了一次机会。

经过一番折腾，刘易斯•福克斯方寸大乱，在后来的比赛中连连失利，对手约翰•迪瑞却愈战愈勇，迅速赶上并将其超越，最终赢得比赛。第二天，人们在河里发现了刘易斯•福克斯的尸体，他投河自杀了！

一只小小的苍蝇，就这样击倒了曾经所向无敌的世界冠军。

每个人的一生，都不会一帆风顺，都难免遭受各种各样的挫折和失败。对于一个洋溢着生命意志和生活热情的人来说，幸福的内涵也包括能最大限度地穷尽人生的各种可能性，其中也包括困境和逆境。能来到这人世就是一种神奇的缘分，对于生活所给予我们的一切，只要努力了、抗争了、尽责了，我们就承受，就心安，就继续前行。

其实，挫折具有两重性：

一方面，挫折使人失望、痛苦、忧郁，经常被挫折感控制的人们，无法进行有效的思维推理，无法尽快采取有效的行动，容易意气用事或怨天尤人。另一方面，适度的挫折感虽然推迟了需要的满足，但是，可以确保人们精神不松懈，从而采取积极有效的行动，有助于培养对逆境的抵抗力，促进人格心智的成长，使人变得更聪明、坚强和成熟，形成较强的心理品质。

所以，挫折是成功的催熟剂。

英国戏剧作家、语言大师萧伯纳说：“人生有两出悲剧：一是踌躇满志，二是万念俱灰。”挫折作为一种情绪状态和一种人生体验，每个人的耐性是大不相同的。有的人经历了一次次挫折，仍然能够百折不挠；有的人稍受挫折便意志消沉，一蹶不振，甚至痛不欲生。有的人在生活中遭受多大的挫折都能忍耐，但不能忍受事业上的失败；有的人可以忍受工作上的挫折，却不能承受生活中的不幸。

面对挫折或失败，人们会分成三大阵营：

●屡战屡败，悲情落幕：有一个哲学原理，说“有”容易，说“没有”难。比如世上有没有白乌鸦？你只要发现了一只，就可以说“有”；说“没有”很难，必须把天下的乌鸦全部过一遍筛子，确实发现没有才可以说“没有”。又比如，很多人情感受伤之后不再相信爱情，这种想法至少在逻辑上是不成立的。说不定你梦中的情人，就等在下一个路口。同样的道理，不管失败过多少次，人都不能放弃希望，更不能放弃追求希望的行动。

根据社会学家的调查统计，登山的人群中，有70%的人刚刚来到山脚下，看到山峰很高，就产生畏难情绪或恐惧心理，面对困难立即打退堂鼓，还没开始就已经放弃，这种人叫放弃者。第二种人叫半途而废者，他们攀登到半山腰，就在那里搭一个帐篷，就心满意足了，或者说再也不想向困难挑战了，这样的人占总数的25%。

●愈挫愈勇，一味逞蛮：有的人经历挫折之后，可贵之处是能够凭着一腔热血、满腹豪情继续勇往直前，拥有不撞南墙决不回头的气概；遗憾的是，他们不懂得及时反省自我，总结经验吸取教训，因此，结果有可能事倍功半，费力不讨好。这种人是典型的有勇无谋，逆境商数极高，智商与情商却需要检讨与提高。

西班牙文学大师塞万提斯笔下的堂吉诃德，是这种类型的代表：

堂吉诃德一方面脱离现实，沉入漫无边际的幻想，这个瘦削的、面带愁容的小贵族，全心地对待一切、处理一切，一路闯了许多祸，吃了许多亏，闹了许多笑话，然而一直执迷不悟；另一方面他又心地善良，立志铲除人间邪恶，为人打抱不平。这是一个可笑、可叹、可悲又可敬的人物，是幽默文学中一个不朽的典型，也是世界文学史上一颗璀璨的明珠。

●审时度势，久病成医：成功者深深地懂得挫折不等于失败，暂时的失利不等于此路不通。相反，他们能够冷静地向困境学习，理智地分析主客观因素，审时度势，及时调整完善自我；他们通过恰当的方式来疏导消极情绪，永远怀抱着坚定的信念和对未来的希望；他们明白，危机既是一种危险，只要应对得当、化解有方，也是一种转机。

台湾企业家王永庆提出了一种“冰激凌哲学”：卖冰激凌必须从冬天开始，因为冬天顾客少，逼迫你降低成本、改善服务。如果能在冬天生存，就再也不会害怕夏天的竞争。同样，只有吃过苦才知道享受生活的美好。想在顺境中事业蒸蒸日上，就必须在逆境中经过一番锤炼。

人的一生，也可能是挫折伴随的一生。

大诗人但丁，被判死刑而流亡30年，他的作品就是在这一时期完成的。亚伯拉罕•林肯，生下来一贫如洗，两次经商失败，八次竞选八次落选，52岁时终于当选美国第16任总统。南非前总统曼德拉，经历无数次危险、磨难和27年监狱生涯。孔子、贝多芬、司马迁、斯蒂芬•霍金、褚时健……历经磨难而最终成就非凡的传奇人生。

他们有一个共同的特点：拥有比常人更高的逆商。

逆商，是人的挫折忍耐力，面对逆境的处理能力。逆商高的人，能坦然面对挫折。越有成就的人，越知道挫折是人生必然的部分，他们会征服挫折，自始至终坚持自己内心的梦想。比起情商与智商，逆商更能决定人生成败。

你对逆境的态度，藏着自己的未来。

提升自己的“反脆弱性”

登山的第三种人称为攀登者，他们经过各种艰辛努力，最终登临巅峰，这种人只占人群中的5%。

周国平先生说得好：“最基本的划分不是成功与失败，而是以伟大的成功和伟大的失败为一方，以渺小的成功和渺小的失败为另一方。在上帝的眼里，伟大的失败也是成功，渺小的成功也是失败。”

英国劳埃德保险公司曾经从拍卖市场买下一艘船，这艘船1894年下水，在大西洋遭遇冰山138次，触礁116次，起火13次，被风暴扭断桅杆207次，然而，它却从来没有沉没过。基于它不可思议的经历，劳埃德保险公司决定把它从荷兰买回来，捐给国家。

现在，这艘船就停泊在英国国家船舶博物馆里。

这真是一艘具有“反脆弱性”的神奇船舶！

纽约大学特聘教授塔勒布，提出了著名的“反脆弱理论”：“有些事情能从冲击中受益，当暴露在波动性、随机性、混乱和压力、风险和不确定性下时，它们反而能茁壮成长和壮大。”

塔勒布提问：“脆弱的反义词是什么？”大家首先想到的肯定是坚强、坚固、坚韧……但塔勒布说：“脆弱的反义词不是这些，而是反脆弱。”

什么是反脆弱呢？桌子上放着一个玻璃杯，你过路时不小心碰到了它，咣当一声摔得粉碎。碰到意外袭击，玻璃杯就受损了，所以说它是脆弱的。希腊神话里有一种九头蛇，长着九个头，你砍掉它一个头，它会立即长出两个头。碰到意外袭击，它不但没受损，反而变强了，所以它是反脆弱的。

碰到意外袭击，事物表现出三种状态：

脆弱的，会受到损伤。

坚固的，会保持原样。

反脆弱的，会变得更强大。

反脆弱性比坚韧性更为强大，因为再强大再完美的坚韧性，也可能因为不断遭遇袭击而破损。但反脆弱性不同，它会因为不断遭遇袭击而变得更加强大，所以它是比坚韧更高层级的存在。

正如尼采所说：“杀不死我的，使我更强大。”

2017年7月11日，美国联邦法院首席大法官约翰·罗伯茨在儿子的毕业典礼上发表演讲：“在未来，我希望你被不公正地对待，希望你遭受背叛，祝福你时常感到孤独，祝福你人生旅途中时常运气不佳，当你失败的时候，我希望你的对手幸灾乐祸，祝福你被忽视，遭受切肤之痛。”

全场愕然，满座皆惊。

罗伯茨一头白发，慈祥地看着业已成长的儿子：“因为唯有你感受到世间之不幸，才能懂得公正的价值；遭受背叛，才领悟到忠诚的重要；感受孤独，才不会把良朋益友视为人生中的理所当然；运气不佳，才能意识到概率和机遇在人生中扮演的角色，进而理解你的成功并不完全是命中注定；你失败了被人嘲弄，才能懂得有风度的竞争精神之重要；被忽视，才能意识到倾听他人的重要性；遭受切肤之痛，才能感同身受，同情理解别人。”

人生是一场持久的修行，每一次经历都在塑造我们自己。

三、保持心灵的伸缩性

人的成长，最终是心灵的成长。有人说，心灵是一个生命场和能量场；有人说，心灵是一个感应器和调控器。哲人认为，心灵既不是我们的头脑，也不是我们的心脏，却又存在于我们的每一寸肌肤里。

纵观芸芸众生，有些人紧紧怀抱着固有的观念、准则、习惯和价值，都是一根筋认死理，执迷不悟，顽固不化。他们非此即彼，心灵缺乏变通，过早僵化而衰老，过早走向生命意义的终点。

身体需要锻炼，汽车需要保养，建筑需要维修，心灵需要保持伸缩性。

我们已知道，心灵是知、情、意的立体组合，知代表理解，情注重协调，意在于抉择。心灵的伸缩性，是知的增长、情的平衡与意的明智，是心灵的容量扩张、价值融合和观念更新，是掌握慢的学问、享受静的美妙。

扩张容量

雨果说过：“世界上最宽阔的是海洋，比海洋更宽阔的是天空，比天空更宽阔的是人的心灵。”人的心可以有多大呢？也许是无穷大。情深似海，想象驰骋，都指向无边无际的境地。

心的容量扩张有两种途径：腾空与拓展。

许多人的内心被自己填充得严严密密，水倒不进，风吹不开，光照不到，与外界难以再有信息沟通与观念交流，从某一个时刻开始，人生就已经固化，就在一条直线上运行、一个平台上奔波、一种境界上存活，排斥新鲜事物，排斥审美体验，围着柴米油盐转，围着家长里短转，围着流行世俗转，生活看似忙忙碌碌，价值也许空洞无物。

这样的心灵，急须腾空。

比如一只杯子，空的时候代表“虚”，可以装进任何东西；相反，如果杯子里装满了水，别的东西如咖啡、啤酒，就装不进去了。追求“虚”，等于要把一个人内心里的各种杂念、欲望、幻想化解掉，化解之后让心空了，才能得到新的启发，生长新的希望。《庄子·人间世》说得好：“虚室生白。”空的房间显得亮；相反，如果房间里塞满了东西，再亮的灯光也没有用，因为到处都有阴影，光亮根本显示不出来。人心也是一样，如果想拥有智慧，要尽量去掉内心的各种欲望，去掉之后心中空了，空才能灵。

庄子又说：“其嗜欲深者，其天机浅。”这里的“天机”是指一种自然的领悟能力。如果一个人的嗜好和欲望太多，再怎么聪明也很难领会；而有些人悟性很高，是因为没什么欲望，心灵像镜子一样，心明方能觉悟。

职场上有一种倡议，保持空杯心态。任何成绩都只代表过去，随时准备将自己归零，重新学习、重新认识和调整自己；运动赛场上屡屡获得桂冠的健儿，往往是那些敢于放下昔日荣誉、摆正竞技心态的人。

心的容量增加，是拓展心灵的空间范围。伴随着中国的快速发展，经济指标在增加，民主权利在增加，信息总量在增加，发展空间在增加，城市面积在增加（北京的城市“大饼”马上摊到七环了），与这一切相匹配，人的心灵容量也应该增加。否则，心灵将有可能不堪重负，分辨不出陷阱与问题的伪装，享受不到经济发展的红利，体验不了时代生活的精彩。

不能与社会同步，即便仍在迈步，也只是一种原地踏步。

树立更大的目标，承担更重的职责，参照更高的标准，满足更新的兴趣，阅读更难的经典……都需要投入新的力量、匹配新的资源、执行新的方法，心灵有了新的收获与感悟，其容量自然随之增加。

正所谓：海纳百川，有容乃大。

更新观念

现实生活中，随处可见“秀才遇到兵，有理讲不清”“公说公有理，婆说婆有理”的现象，多少人认一个死理，抱一潭死水，守一隅死角，只讲自己认定的原则性，毫无他人期待的灵活性；从固定的角度来看问题、作判断，用固定的思维去想问题、得结论，守株待兔、刻舟求剑、画地为牢。

有一位女士有严重的洁癖，出差会带上床单、枕套、拖鞋、浴巾两大箱；家里的地板必须保持绝对干净，导致她的丈夫和小孩每天要绕着走。

心理咨询师问她：保持地板干净的目的是什么？只是为了让它干净呢，还是为了让家人都觉得很舒服？

小孩子刚刚生下来的时候有观念吗？他想吃就吃，想睡就睡，想哭就哭。观念，是在成长过程中逐渐形成的，谁又能够断定，你所处的环境、所受的教育和自我的感悟，都是百分之百的正确？说不定，这其中就包含了缺陷、漏洞甚至邪念歪理。尤其是进入互联网时代，观念的转变与技术的更新迅猛，美好的机会与感觉稍纵即逝。

佛说：法无定法。我们需要不断地去学习，更新调整观念，以期拥有更高的生活智慧。所谓“一念成佛，一念成魔”，都是你的念。外在社会和生活环境总在不断地运动和变化，因此我们就不能用一成不变的眼光去看待问题。学会让思维换一个角度、拐一个弧度，接受一种新的标准与观念，才不会陷入故步自封的泥潭。

转念一想，豁然开朗。当我们走出自我观念的迷宫与误区，获得新生般的自我超越的时候，虽然人还是那个人，心还是那颗心，世界还是那个世界，但是，我们的生命境界，已是天壤之别。

融合价值

价值是需要的体现，需求的多元化必然导致价值的多样性。

假设你有6个苹果，如果全都吃掉，你只是吃到了苹果的味道。如果你把5个分给别人，你将获得5个人的友情与好感。也许，当别人有了其他的水果时，你将得到一个橘子，或者一个梨……

又比如说，你有了一种思想见解拿出来与别人分享，结果又会如何呢？有可能你会获得更多的思想见解。

多样性是世界的本来面目，也代表着社会发展的趋势与人类文明的进步。基因的多样性是生命进化和物种分化的基础，一个物种所包含的基因越丰富，它对环境的适应能力就越强。人与人、国与国之间的关系，并非一定要你死我活；秋赏菊花冬赏雪，更待来年春满园。法国启蒙运动公认的领袖和导师、被称为“法兰西思想之父”的伏尔泰有一句名言：“我不赞成你的观点，但我誓死捍卫你发言的权利。”

在孟子眼中，有成就的人必然有赤子之心。孩子是一张白纸，发展空间巨大。有赤子之心的成人，心中永远有一张白纸，意味着新的可能性。他们保持孩子般的好奇心，会用孩子的眼睛看待世界，他们能一直学习；在这种没有成见的眼光下，世界会更清晰，人也才能发现问题的本质。

掌握慢的学问

我们生活在一个快速、快捷的时代，中国经济高速度，企业发展高速度，职场工作高速度，生活节奏高速度。对于大多数中国人来说，“时间就是金钱”已成为一句至理名言。太多的嘈杂与诱惑，太多的娱乐与作秀，常令人眼花缭乱，也使人心浮气躁。

所以，我们需要节奏感，需要伸缩性。与其南辕北辙地快，不如事半功倍地慢。心急吃不了热豆腐，如果不加思索贸然抬步，看似赢取时间，占得先机，却也容易误入歧途。

走路时脚步放慢一些，看到小草冒出了嫩芽、树枝上即将绽放的花苞，听见一声清脆的鸟鸣、一阵潺潺的流水声，发现林中的一条幽径旁，三五个小朋友正在捉迷藏，蝴蝶在头顶飞舞，小黄狗在撒腿追赶……这样的行走，全部的感官身心都会充满愉悦。

看书时慢一些，不再一目十行，而是逐字逐句地慢慢理解、慢慢领会，咀嚼每一句话的味道，品味作者的用意，读懂书中的精华。吃饭时慢一点，享受饭菜的香味，避免消化不良；同时，也与家人展开更多的沟通与体贴的交流。说话时慢一些，想明白之后再发言，少说错话、气话和没有根据的话，让自己有更多的回旋余地……

世界上有一个“慢城联盟”，已经有24个国家的135个城镇获此称号。这是一种放慢生活节奏的城市形态，获评的城镇人口在5万以内，追求绿色的生活方式，有更多的空间供人们散步，有更多的绿地供人们休闲，有更多的广场供人们交流，限制汽车使用，奖励环保科技，支持传统手工业，没有霓虹灯，不设快餐区和大型超市。

慢，并不是浪费时间，而是提高时间的利用品质。提高了时间的品质，也就提高了生命的品质。慢，不是磨蹭，不是懒惰，不是消极，而是一种健康自信的心态，一种积极稳健的奋斗。

人生只有短短几十年，就像一次美丽的旅程，从从容容地走过，怀着愉悦的心情欣赏沿途风景，留意身边细小而容易被人忽视的美丽，记住每一个精彩的瞬间，可以让我们更从容、更优雅、更精致、更全面、更有节奏感，人生因此就会更精彩、更幸福。

星云大师说：

慢工可以养艺，做一件要好一件。

慢步可以养生，走一步要稳一步。

慢言可以养量，说一句要算一句。

慢活可以养寿，过一天要像一天。

享受静的美妙

齐白石为了谋求画风变革，闭门十载，终成中国画界之巨擘。国画大师刘海粟再三告诫学生，“要甘于寂寞”，只有耐得住寂寞才不会寂寞。从巴金声明“闭门谢客”到费孝通告示“关门盘点”，许多名家学者都努力为自己营造一个“结庐在人境，而无车马喧”的宁静天地。

据莫言回忆，他小说中的奇思妙想，得益于当年放羊的牧场。偌大的草场只有他和十几只羊。躺在辽阔的草地上，他是牧场唯一的主宰。风在动，云在飘，他的思绪也在飞。是宁静激活了奇特的想象，是宁静积蓄了生命的能量。林清玄说：“我们如果有一颗宁静的心，即使是默默坐着，也可以感受到时间一步一步从心头踩过。”

“非淡泊无以明志，非宁静无以致远。”出自54岁的诸葛亮写给他8岁儿子诸葛瞻的《诫子书》，以双重否定的句式、既强烈又委婉的语气，表现了一位父亲对儿子的教诲与期望：不看轻世俗的名利，就不能明确自己的志向；做不到身心宁静，就不能实现远大的理想。

瑞士阿尔卑斯山脉深处有一个叫梅德尔的小镇，经过勘探发现了一座价值12亿美元的金矿，然而该镇的450名居民经过辩论和投票，拒绝了加拿大开发商的开采要求。他们的理由是：不能让风景如画的山谷变成矿山，更不能失去以往的平静生活。

宁静不是平淡，也不是平庸；安之若素，沉默从容，是一种充满内涵的幽远。于无声处听惊雷，此时无声胜有声，可见宁静的气势和力量。宁静不是静止，更不是封闭。宁静是我们默默汲取，让自己的内心更强大。

勤能补拙，静能生慧。宁静是一种淡定超脱，不让虚名和浮利阻碍前行的道路。宁静是一种境界，坚守之后才可以体会坚守；在每一次享受之前，都先要创造享受的条件。

每隔一段时间，给心灵放一个假，给自己换一个环境，没有压抑，没有烦琐，没有应酬，心灵会放松下来。翻开书本，体察苦难，亲近自然和艺术，都是回归自我的方式。

让心静下来，才能看清一切，知道什么是重要的、什么是次要的、什么是不必要的。让心静下来，才会反观自己，知道哪些行为还需要修正，哪些地方还需要改进，在自观中走向觉悟。心灵宁静纯真，就会远离烦恼、远离浮躁、远离痛苦、远离颠倒梦想，就意味着朴实无华，意味着充实安详。

停一停，看一看，想一想，先处理心情，再处理事情。

静，可以仰天光、接地气、察人心，通往一切境界。

四、学会给心灵洗澡

心灵，应该引领着自己的身形脚步，面向前方。

对于心，佛陀有各种譬喻：心如猿猴难控制、心如电光刹那间、心如野鹿逐声色、心如盗贼劫功德、心如冤家身受苦、心如童仆诸恼使、心如国王能行令、心如泉水流不尽、心如画师描彩绘、心如虚空大无边……都说明认清真心的困难。

给心灵洗澡，是重新面对心灵、认识自我，走进心灵的最深处。

下列方法只是注重于置身某一种特定的环境，或者采用某一种特定的行为去释放心灵。类似的建议可以罗列很多，读者当懂得甄别取舍，找到最适合自己的心灵洗澡法。

让心灵纯净空灵

给心灵洗澡，首先是要及时清洗心灵上沉积的疲惫、苦闷、迷茫、诱惑、放纵、伤感、低俗等杂质与污垢，清洗淤积的杂念，让心灵纯净空灵，提前预防心理疾病。

●去医院当义工：目睹各种奇形怪状的生理病变，人们自然而然就会产生同情心与悲悯之心，感悟到生命的渺小和健康的宝贵，感悟到世事如浮云，从而从内心深处的名利纷争与小肚鸡肠里解脱出来，更加珍惜自己所拥有的一切，更加具有慈悲心。

●去幼儿园倾听：面对纯洁无瑕、天真可爱的孩子们，成年人会深深地受到感染和启发。孩子们无理性、知识和逻辑性可言，天真烂漫，无拘无束，心中没有世俗的功利和规矩，只是在完完整整地享受新奇、享受过程、享受成长、享受生命。所以，孩子更接近单纯、直接、快乐的生命本质。回归一颗童心，像孩子一样纯洁、天真、清澈、自然，晶莹如玉，圣洁无瑕，心灵也必将随之变得开阔、宽厚、善良、真诚、温暖而又安定。

●去闹市观察：繁华闹市熙熙攘攘，人海茫茫，摩肩接踵，人们高矮胖瘦不同，打扮气质各异，有心如你忍不住会产生一连串的疑问：他们中的每一个人，是从哪里来？要到哪里去？他们经历过什么？又在追求什么？他们快乐吗？滚滚红尘中，人们擦肩而过，都是怀揣着内心的成败得失，去消费各自的喜怒哀乐，令人对人生生出无限的感触。

●去寺院听经课：稍具规模的寺院几乎每天都有经课，香烟缭绕，经诵阵阵，令人心境澄明出尘脱俗。人会不由自主地心中豁然开朗，感觉到自己与这样的场面有某种贯通，声色消失了，自我退隐了，灵魂纯净了，烦闷与纠结消失无踪。

●向导师诉衷肠：绝大多数人总会有一个或几个最值得信赖的心灵导师，许多的时候，我们与导师沟通，在乎的只是自己能一吐为快，并不一定非要求得一个十全十美的答案。只要对方有一双善于倾听的耳朵，只要你能获得彻底的释放，便感觉一切都刚刚好。

给心灵良好环境

给心灵洗澡，除净化自我性灵外，还要修复亲情、爱情、友情中出现的裂缝，修补润滑人际关系的不和谐，给心灵一个良好的成长环境。

●和家人拥抱：家是温暖的岸，人是漂泊的船。所谓家人，就是与你有割舍不断的血缘或亲缘关系，在你耳边不时唠唠叨叨的那些人。我们常说安居乐业，安居与乐业看似二者并列，其实安居是乐业的前提与基础，乐业是安居的支撑与保障。这一次和家人拥抱时，我们不辩解、不反驳、不说理，只是回忆自己与家人相互关爱的点滴细节，只是感恩家人带来的诸多美好，只是真诚地说一声“我爱你”。

●与朋友恳谈：真正的知己，无须多言；真正的知己，肝胆相照。真诚地关心朋友的成长，平等分享相互间的喜怒哀乐，多几次雪中送炭，多几句拳拳忠言，关键时刻能默默地站在他们的身边，即使是无声的交流，紧握的双手也会传递人情的温度。

●向上司交心：绝大多数同事和上司其实与我们是一类人，他们同样也需要理解、关心和沟通。听惯了程式化的工作汇报，突然收到你递交的敞开心扉的报告，听你娓娓道来关于工作、管理或未来规划等方面的思考与建议，将心比心、换位思考，也许上司会将报告的可行性先放置一边，而更在乎它的人情味。或许，你帮上司的心灵也洗了一个澡。

给心灵前进动力

给心灵洗澡，是要给心灵减压、松绑、按摩，补充能量与养分，从而拥有源源不绝的前进动力。

●看几部影视剧：评分高的优质影视剧非常多，关键在于你的优选标准。躲开生活中的琐事，利用节假日夜以继日地看个痛快，和剧中人同呼吸共命运，或哀其不幸怒其不争，或一时狂喜一时痛哭，总之人生又多了一层体验，生命又增了一分厚度，心灵又多了一次洗礼。

●来一场私密游：抛开所有的踌躇，突然间驱使自己独自奔赴一个陌生的地域；甚至，事先连出行的计划或基本的准备也没有。远离了日常的名利场与是非地，面对的都是陌生人群与秀美风景，不用佩戴任何面具，蒸发了生活的水分，过滤了心灵的浮躁，亲近了自然的灵秀，人生的格局反而会看得更清，灵魂反而会离自我更近。

●读一部真经典：阅读催生思想，思想产生能量。真正的经典是先贤智慧的凝聚，是时间评选出来的，是人性的浓缩和智慧的结晶，多少年以来人们都在捧读它。人的一生，这样的经典至少应该拜读一部，好让我们能与古人为友，徜徉在人类精神的高空。也许刚开始阅读时费劲或枯燥，可以借助于多种工具书，以便慢慢消化；久而久之，你的知性之美会自然而然地由内而发，正所谓“腹有诗书气自华”，读书让你更有风度、思想和理性的力量。

让心灵充分享受

给心灵洗澡，让心灵充分享受成长的快乐。

●写一篇个人传记：平日里忙忙碌碌，难得回忆从前，终于可以静下心来，独自梳理前尘往事，必定会有一番异样的感慨。童年趣事、少年心事、青年糗事、情感秘事等均可记录。年少时的懵懂无知，倔强时的转身而去，失意时的举步维艰，得意时的率性轻狂，我们得到过多少人的爱？又曾经伤过哪些人的心？恩怨情仇，往事如烟，今天的你，会比从前懂事多少？

●办一场高端聚会：法国巴黎的沙龙世界闻名，熏陶出数不尽的文学家、音乐家、美术家和其他名流。聚会不仅可以就某一个专题深入探讨，也可以天南地北侃侃而谈；可以是一个人作主旨发言，也可以是众人畅所欲言。高端聚会的价值，在于主人和嘉宾共同营造出来的格调与品位、话题与氛围，让所有参与者身心俱醉，流连忘返。

●发一次自我奖励：自我奖励不一定非得讲究外在形式，上述每一条都是奖励。但是，有必要郑重其事。一个独特的你，取得了独特的成绩，获得了独特的成长，当然应该通过独特的方式，让自己拥有一份独特的快乐。

●许一个美好心愿：在学业有成、身心健康、邂逅爱情、喜结良缘、升职加薪等范围之内，许一个心愿，让它发自你的心底最深处，不要嘲笑它高不可攀、遥不可及或荒唐可笑，而是独自悄悄地捂着它、想着它、享受它，甚至从梦中笑出声来。心灵和世界是如此神奇玄妙，等你历经千辛万苦终于实现心愿的那一天，你会深深被自己感动，甚至因此而满怀骄傲。

林清玄说：如果你要享受清欢，唯一的方法是守住自己的小天地，洗涤自己的心灵，放下执念，不浮不躁，不慌不忙，以清净心看世界，以欢喜心过生活，以平常心生情味，以柔软心除挂碍，淡定从容地过好每一天。

五、丰富的心灵更强大

你站在桥上看风景，看风景的人在楼上看你。

明月装饰了你的窗子，你装饰了别人的梦。

这首《断章》，是翻译家卞之琳的小诗。这是一幅流动的风景画，也是一首隽永的哲理诗：桥上之人正专心赏景，楼上之人芳心暗动以人为景；同一轮明月，既可以装饰无心者的窗子，也可以和无心者一起，共同走进有心人的美梦。其实，画中人的无心与有意，又何尝不是诗作者眼中最美的风景？最后，画中人与诗作者，小桥、明月与美梦，紧紧抓住了亿万读者的心。

一般人只拥有直接经验的世界，通过这样的阅读与思考，人们将拥有间接经验的世界，集中体现为深刻的头脑和丰富的内心。由此，人生便远离了浅表性生存，自我便实现了与外在世界的深层贯通。可以说，丰富的心灵是成功者和幸福人生必备的素质。

那么，什么是丰富的心灵呢？

真使人理性

真，是从千头万绪、众说纷纭的信息中，经过自己的思考和判断，对事物真实性的深刻认识与准确把握。与“真”字相关的词语如真诚、真谛、真理、真知灼见、真才实学、真金不怕火炼……都意味着真实、客观、准确，是人类理性、理智力量的充分表现。

人类历史纷繁久远，人的情感复杂多变，外在世界神秘深奥，如何透过现象看本质、通过表象找规律，是一切科学研究与发明创造的基础，也是生活所必需的基本功。生活中种种画虎类犬、指鹿为马、掩耳盗铃、南辕北辙式的笑话或悲剧，都说明了理性精神的缺乏。

鲁迅先生的短文《立论》讲了一个小故事：

一户人家生了一个男孩，阖家欢喜。满月的时候，抱出来给客人看——自然是想讨点好彩头。

一个说：“这孩子将来要发财的。”于是他得到一番感谢。

一个说：“这孩子将来要做官的。”于是他收到几句恭维。

一个说：“这孩子将来是要死的。”于是他受到大家一顿痛打。

为什么会有这种反差？真是事实判断，与情感诉求完全是两回事。某些场合下说真话并不会受欢迎，人们更需要情感的满足。生活中我们总是听到“更加年轻、永远快乐、万事如意”之类的祝福语，在科学上这是做不到的假话，但是能满足人的情感需求，所以不绝于耳。

善使人博大

善，是好的行为与品质，是在最广时间范围内符合最大多数人的利益。真是符合规律，善是符合利益，美是二者的统一。善是道德评价，善的对立面是恶，善还有小善与至善之分。

《六祖坛经》上说：一切福田，都离不开心地。心田上播下善良的种子，总有一天，会开花结果。季羡林先生认为：“自己生存，也让别的动物生存，这就是善。只考虑自己生存不考虑别人生存，这就是恶。”佛教有“十善”之说：身不杀生，不偷盗，不邪淫；口不妄言，不绮语，不两舌，不恶口；意不贪，不嗔，不痴。

人只要有“我”，就会有“趋利避害”的本性，就会产生内心矛盾与利益冲突。因为善的作用，人们从“小我”走向“大我”，让心灵摆脱肉体欲望和自我意识的双重枷锁，走向真正的自由与快乐。

培养理性精神，要有“较真”的思维习惯，打破砂锅纹到底。

提高道德修养，在于“向善”的真诚态度，勿以善小而不为。

生命是一种回声，你把善良给了别人，终会从别人那里收获善意。无论你对谁好，从长远来看，都是对自己好。

美使人纯粹

我们说维纳斯雕像很美，其原因就在于维纳斯雕像各项比例的对称性、协调性和“维纳斯断臂”，给我们留下了丰富的想象余地；我们说达•芬奇的蒙娜丽莎画像很美，其原因就在于蒙娜丽莎油画所呈现出的惊人的黄金分割率，以及“蒙娜丽莎微笑”所给予人们的无穷的想象空间。

荷兰政府以凡·高为傲，大力提倡艺术创作，设立基金让有心从事艺术创作的人前来申请。有个心理学家急需钱用，假借艺术创作之名申请补助。政府拨款之后，要求一年后验收创作的成果。心理学家什么都没有做，到了接受视察的那天，他在路边搭了一个台子，自己站上去，旁边写着一句警世名言："我就是艺术品，因为我是独一无二的。"

真是一个可爱的心理学家、一场有趣的行为艺术！

生命有无限的可能性，人却只能过一种生活。许多生活经验，是我们不可能亲自去接触或尝试的，通过观赏艺术，比如电影、小说或其他艺术形式，将使心灵好像遭遇这些经验一般，让欣赏者自己能与全人类更高层次的心灵契合，内心会产生更丰富的生命内涵与审美体验。

抛开美的抽象概念，人世间唯美、审美之事无以穷尽，在这里仅仅选择苏轼的两段诗词，就可以作为美不胜收的证据：

其一："惟江上之清风，与山间之明月，耳得之而为声，目遇之而成色，取之无禁，用之不竭。是造物者之无尽藏也，而吾与子之所共适。"

其二："清夜无尘，月色如银。酒斟时，须满十分。浮名浮利，虚苦劳神。叹隙中驹，石中火，梦中身。虽抱文章，开口谁亲。且陶陶，乐尽天真，几时归去，作个闲人。对一张琴，一壶酒，一溪云。"

品味人类文化的结晶，视野必开阔。

感怀人情世态的冷暖，情感必丰富。

穿越古今时空的沧桑，精神必饱满。

体察悲欢离合的命运，意志必坚韧。

洞悉世俗人性的美丑，心灵必纯粹。

品尝过美食美酒，欣赏过美景美人，拥有了美德美誉，常与经典为伍、与历史贯通、与神圣融合，人生从此“曾经沧海难为水，除却巫山不是云”，心灵将变得温柔、壮阔、和谐而又纯粹。

常存敬畏之心

太阳系有40多亿年的历史，宇宙至少有200亿年的历史，人类只有区区几千年的文明史。无论是望而生畏的灿烂星空，还是不值一提的渺渺灰尘，都是大自然精巧的创造，展示出大自然深邃、高超的“艺术”。人，永远都是自然之海的一滴水珠，是浩瀚星空的一个细胞，是宇宙历史的一串音符。人类自身是宇宙智慧的创造物，是宇宙之美的展示者，敬畏宇宙，敬畏自然，敬畏生命，就是敬畏我们自己。

朱熹说：“君子之心，常怀敬畏。”有了敬畏之心，内心就有准绳约束，就不会浮躁麻木，人们就会自重身份、不越雷池，也才会有所不为、有所当为、有所必为。相反，一个人如果没有敬畏，就可能言语无度、行为失范，逐渐变得狂妄自大、肆无忌惮，甚至恣意妄行、无法无天，最终害人害己，吞下自酿的苦果。

敬畏是从内心深处产生的、对事物尊敬而不敢逾越界限的态度。敬畏不是恐惧或害怕，也不是被迫的，而是个人因为懂得自己的渺小与有限，对自然界与人世间的大道，油然而生的一种推崇与景仰。

一个人可以不信神，但不可以不相信神圣。相信神圣的人有所敬畏，在他们的心目中，总有一些东西属于为人的根本，是亵渎不得的。所谓为人的根本，首先是人格。

人格是命运的守护神。人性中包含了太多的阴暗、丑恶与无奈，如果人格猥琐，终其一生也将渺小卑贱。有一种说法，积善多者，虽有一恶是为失误，不足以亡；积恶多者，虽有一善也是误中，不足以存。唯有做一个站立的、阳光的、大写的人，恪守崇高道德与纯洁心灵，才能拥有亮丽的人生。从历史发展的观点看，从全局的观点看，高尚的人格是命运的保护神。

个人是渺小的，常怀敬畏之心，必能生养正气、庄严与崇高。人生是短暂的，常怀敬畏之心，就走上了一条朝圣之路。敬畏者看似与被敬畏的事物产生了隔膜和距离，但是，正是因为敬畏者的深刻理解与恭谨敬重，与被敬畏的对象之间，反而产生了一种无形的、亲密的联系与贯通，一种内在的、精神的联姻与同构。

常存悲悯之心

悲悯，是以大慈大悲的胸怀平等对待同类和其他一切生命，能对他们的遭遇感同身受，生起怜悯、同情之心，对人世间的苦难有一种博大的包容。

某一年的大年三十，一位企业家与全家在宾馆吃完早饭，正准备出门时，企业家与读初中的儿子突然停住，他们同时发现，门外寒风中，一个与儿子年龄相当的少年，手持饭盒，满脸羞涩地注视着门内。

父子俩各自迅速地往口袋里拿零钱，不一会儿，儿子抓着一大把零钱走过去，拍拍少年的肩膀，然后与少年紧紧地拥抱，顺势将那一大把零钱悄悄塞入少年的裤袋里。顿时，企业家、儿子与少年，三个人都泪流满面。

这是一个非常普通的小故事，却能告诉我们，悲悯不是居高临下，不是悲观绝望，而是一种信心与力量的传递、一种精神和灵魂的抚慰，是一种胸臆相通的握手，一种带着泪光的微笑。

弘一法师圆寂前，再三叮嘱弟子把他的遗体装龛时，在龛的四个脚下各垫上一个小碗，碗中装水，以免蚂蚁、虫子爬上遗体，在火化时被无辜烧死。非洲之父史怀哲说："当悲悯之心能够不只针对人类，而能扩大到涵盖一切万物生命时，才能到达最恢宏深邃的人性光辉。"

从诺贝尔和平奖获得者到无数深怀悲悯之心的圣贤，都给我们一种启示：人的命运可以很悲情，人的力量可以很渺小，但凡人间有了悲悯之心，便可以超越无限，与日月同辉，与永恒接壤。

常存感恩之心

人生在世，会收获父母的养育之恩，老师的教育之恩，配偶的扶携之恩，上司的知遇之恩，朋友的援助之恩……学会和懂得感恩，是为人处世的基本品德，也是对自我生命的完善。怀有感恩之心的人，必将稀释内心的狭隘和自私，减少挑剔与苛责，增添欣赏和感激，让自己心怀坦荡、胸怀宽广。

2006年感动中国十大人物，有一位18岁的少年黄舸，他看上去像个12岁的孩子。7岁时，黄舸被确诊为先天性进行性肌营养不良。据专家介绍，同类患者中最长生命纪录仅为18岁。因此，从2003年开始，15岁的黄舸和父亲用一辆三轮摩托车踏上了"感恩之旅"，在全国寻访素未谋面的恩人。

父子俩走过82个城市，行程1.3万公里，向30多位当年给他们寄过钱的恩人当面说一声谢谢。如果有一天离开人世，黄舸希望把自己的眼角膜捐献给需要的人。

感恩是一种积极的、健康的、阳光的心理状态，感恩是一种丰沛的、强大的原动力和驱动力，感恩者更容易获得情感、事业与人生的成功。

爱因斯坦在《我的世界观》一文中写道："人是为别人而生存的——首先是为那样一些人，他们的喜悦和健康关系着我们自己的全部幸福；然后是为许多我们所不认识的人，他们的命运通过同情的纽带与我们密切地结合在一起。我每天上百次地提醒自己：我的精神生活和物质生活都依靠着别人的劳动，我必须尽力以同样的分量来报偿我所领受了的和至今还在领受着的东西。我强烈地向往着简朴的生活，并且时常为发觉自己占有了同胞的过多劳动而难以忍受。”

面对弱小，要知道躬身弯腰。

感受上苍，要懂得抬头仰视。

生活中，有些人拥有的是戏谑、麻木、忽悠、不以为然的心态，这样的心灵被固有的观念所填充，很难体会人性的丰富和世界的美妙。深怀敬畏、悲悯与感恩之心的人，心灵成了一个自我循环、自我重生的自因世界，可以“一沙一世界，一叶一枯荣，掌中握无限，刹那成永恒”，才可以说拥有了真正的人生智慧。

六、学会爱，享受爱

人，是大自然最神奇的创造；爱，是人世间最神圣的情感。

爱，是双向互指的扶持与责任，是生命潜能的实现与升华，是战胜孤独、恐惧和灾难的深沉力量。没有情感或心理可以比爱更令人心驰神往或陶醉忘言，更令人积极向上和急智百出，更令人勇于突破局限并超越自我。假如人类的科技、医学、法律都无能为力了，至少我们还有信仰和爱。

爱是无条件、无偏见地倾听对方的需求，给予最大的协助与支撑，对唯一的你作出庄严的承诺。爱是尊重、体贴、鼓励、赞美对方，并尊重对方的选择。爱是仁慈地对待、宽恕对方的缺点，欣赏对方的优点与长处，帮助对方改正错误。

爱情是什么

爱是一种能力——爱一个人，意味着你有力量能够帮助他、愿意帮助他、善于帮助他，让爱人和自己共同安康而幸福。爱是一种艺术——让爱的生活过得有滋有味、神采飞扬。爱是一种谦卑——正是因为有你作为牢固的依靠，爱人的个性才得以成长、舒展和张扬。

根据爱情心理学的研究，爱情有以下分类：

喜欢式爱情，只有亲密，没有激情和承诺；比如友谊。

迷恋式爱情，只有激情，没有亲密和承诺；比如初恋。

空洞式爱情，只有承诺，缺乏亲密和激情；比如纯粹为了结婚的爱情。

浪漫式爱情，只有激情和亲密，没有承诺；只崇尚过程，不在乎结果。

伴侣式爱情，只有亲密和承诺，没有激情；只有权利义务，没有感觉。

愚蠢式爱情，只有激情和承诺，没有亲密。没有亲密的激情，只有生理上的冲动；没有亲密的承诺，只有空头支票。

完美式爱情，包含激情、承诺和亲密。

这，才是爱情的庐山真面目。

爱使人富有

爱是人生的使命。纯粹的爱恋，一定有一种没有前提和条件的价值互换：以我心换君心，始知相爱浓——如此才能相知相连，才会相伴相随。心灵的相互吸引与共同成长，是爱的本性诉求与真实面目。

有了不附带条件的智慧之爱，经济的困窘和认知的裂痕总可以逐次克服，而且也必将变成情的调料、心的养分。双方心性认同、心灵匹配的爱，会变成一个渐入佳境的动态过程、一种相互感动的必然趋势、一条天天向上的美妙曲线、一部琴瑟合奏的华美乐章。

为什么爱会让人富有？因为真诚、纯洁的爱会获得回报，许多时候比你想象和希望的还要多。我们来看一个故事：

有一家医院收容了50名弃婴，这50个小孩的反应都差不多，目光呆滞，面无表情。只有一个孩子是例外，每天嘻嘻哈哈，见了人就笑。医生和护士很奇怪：大家都是弃婴，为什么他那么高兴？

于是，他们在房间里装上闭路电视，24小时观察这个孩子。一星期后发现，每天下班之后，一位到医院收垃圾的老太太，会逗逗他陪他玩半小时。就是这每天半小时的差别，使这个小孩成了这些弃婴中最特殊的一个。

这就说明了，生命需要关怀和爱，与他人有互动，才能得到正常的发展。只是饿了给吃、渴了给喝，生命则无法健康成长。

老子说：“圣人不积，既以为人已愈有，既以与人已愈多。”意思是说：圣人没有留下任何保留，尽量帮助别人，自己反而更充足；尽量给予别人，自己反而更丰富。因为爱，人们便有了观察事物和探究人性的热情，便有了自我与外物共同成长的丰富，便有了关注对方喜怒哀乐的责任意识与行为担当，便有了对人性复杂性和人生挫折感的深邃思考。所以，爱使人富有。

爱的波浪线

经过市场经济的冲击，爱似乎已不如以前那样纯洁、神圣和专一，人们朝着两个方向分化：一部分人更加赞美爱、渴望爱，宁缺毋滥；另一部分人不再相信还有真爱，以“在一起”或“找个伴”予以替代。

有许多饮食男女，一旦拥有了爱的身份和资格，俨然成了对方的救世主或太上皇，习惯性地以爱的美好名义，过度掌控对方的资讯、粗暴筹划对方的成长、无端炮制对方的生活，不到对方欲罢不能就不善罢甘休。当某些纯粹个人的兴趣喜好和私心杂念，被冠以爱的名义在双方间、在家庭中推广执行时，已经远离爱的内涵和本质。

在经济、政治、文化高速发展的社会转型期，夫妻双方如果有一方变化速度快于另一方，思想不再同步，精神不再共同成长，婚姻就会出现裂痕。错位大致有以下的表现：双方在婚前缺乏深入了解、性格或习惯无法调适、家庭暴力、双方对婚姻的期许程度不同、网络或工作带来诱惑、421家庭结构压力、严重外遇或婚外恋、双方出现审美疲劳或激情消退、中年危机、更年期综合征等等。

相爱的过程与实质，典型地体现了“吸引力法则”：同频共振、同质相吸，于是爱得甜甜蜜蜜，甚至忘乎所以。突然某一天，如果有一方发现另一方曾经相吸的“同质”不见了，心灵已不在同一个频道，没有相同的频率，无法继续“共振”和“相吸”了，就需要从根本上予以调适了。

价值观念的认同，未来规划的兼容，生活习性的并存，是共同生活的基础与前提，让男女之间的闪光点放电生辉，心心相印。合乎生命本质的心灵，无须包裹，无须诉说，无须辩白，自然会相互寻找和吸引，最终倚靠在一起。正所谓：有时穷极一生，有时惊鸿一瞥。

美好的爱恋，双方共同高扬人性的尊严，与家人都成了朋友，与朋友都成了兄弟，婆媳胜似母女，翁婿好过父子，没有戒律与规矩，只有惬意和快乐；图书成堆，欢笑不断，学习是生活的常态，情爱是一生的主题；两颗公正、敬畏、感恩之心，远离现实与流俗，亲近自然和艺术。

于千万年广袤时间中，在千万人无限空间里，寻他千百度，此生刹那间的回眸，与他正好相遇在这里。那么今生爱了就好好相爱吧，请相互握紧手，别在茫茫人世中丢了彼此。走到了岁月的尽头，走到了地老又天荒，也要在心中深深地感恩：感恩这一生，有你陪伴我。

人的成长最终是心灵的成长，教育与文化的目的，是让每一个人具有完美的个性和健全的人格，尊重每个人的个性化差异与个性化需求，培养开阔的心胸、宽厚的品德、坚韧的意志、崇高的情操、宁静的心态、坚定的勇气，以及对爱的执着、对善的推崇和对美的追求，从而构成身心的和谐与健康发展。

修养心灵的重要意义，既在于让远大的目标引领人生，努力做一名有幸福感伴随一生的勇者、智者与强者；也在于将人生之路经常遇到的挫折与挑战，转化成人格财富与心灵动力。

生于德国的美国作家塞缪尔•厄尔曼，平时经营五金杂货，年逾70才开始写作。他在100多年前写就的知名散文《青春》，经著名翻译家王佐良先生译成中文，是无数人修养心灵、拥抱幸福的警句名篇：

青春不是年华，而是心境；青春不是桃面、丹唇、柔膝，而是深沉的意志，恢宏的想象，炙热的情感；青春是生命的深泉在涌流。

青春气贯长虹，勇锐盖过怯弱，进取压倒苟安。如此锐气，二十后生而有之，六旬男子则更多见。年岁有加，并非垂老；理想丢弃，方堕暮年。

岁月悠悠，衰微只及肌肤；热忱抛却，颓废必致灵魂。忧烦，惶恐，丧失自信，定使心灵扭曲，意气如灰。

无论年届花甲，抑或二八芳龄，心中皆有生命之欢乐，奇迹之诱惑，孩童般天真久盛不衰。人人心中皆有一台天线，只要你从天上人间接受美好、希望、欢乐、勇气和力量的信号，你就青春永驻，风华常存。

一旦天线倒塌，锐气便被冰雪覆盖，玩世不恭、自暴自弃油然而生，即使年方二十，实已垂垂老矣；然则只要竖起天线，捕捉乐观信号，你就有望在八十高龄告别尘寰时仍觉年轻。

第七课

拥抱幸福

幸福人生

一个人的激情与理想越多，越有可能幸福。

——夏洛特•凯瑟琳

大家都知道美国有一位华裔神探，大名李昌钰。

你知不知他共有兄弟姐妹13人，个个都是博士？

这13位博士的传奇母亲，名叫王淑贞，1897年出生在江苏省南通县如皋镇。在她一手培养的13位博士中，有3人被授予“美国十大杰出青年”。因为这样的杰出贡献，总统克林顿、小布什都在母亲节时，写信赞誉她是一位“伟大的母亲”。老人100岁大寿时，克林顿携夫人去祝贺老人“生日快乐”！这位伟大的母亲，也是伟大的教育家。老人的教育名言是：“待人要好，做事要专心；少说话，多做事。”

母亲养育出这么多成功的儿女，是幸福的。

儿女们拥有这样伟大的母亲，更是幸福的。

每一个人都希望自己幸福，也在不断追求幸福。可是，我们常常感觉与幸福擦肩而过，我们希望像牛顿，发现万物相吸的引力；能够像比尔•盖茨，拥有令人羡慕的财富；能够像爱迪生，发明造福人类的科技……但是，我们绝大多数人都只是平凡而普通的人，虽然我们也有属于自己的幸福。

那么，幸福是什么？幸福在哪里呢？

一、自助者，天助之

总有一个梦，激励追梦人。

总有一段情，温馨到永恒。

总有一团火，燃烧在心中。

天行健，君子以自强不息。一个真正的自强者，应当懂得并遵守自然界最普遍的能量守恒定律；集聚自身能量，营造独特气场，调动各方资源，在法律容许的范围内和道德约束的前提下，书写成功与幸福人生。

遵守能量守恒定律

私家车已非常普及，各位“老司机”有哪些经验可以分享？

看清楚且预判道路形势，有利于提升速度与效率，凡事预则立。

绝大多数时候，是我们的潜意识在起作用，任何事情都有一个从忍受、接受到享受的过程，正所谓熟能生巧。

拐弯时方向盘打过去多少，拐弯后还得打回来多少，说明能量守恒。

能量既不会凭空产生，也不会凭空消失，它只能从一种形式转化为其他形式，或从一个物体转移到另一个物体上；转化或转移的过程中，能量的总量保持不变。人类对各种能量如煤、石油等燃料以及水能、风能、核能的利用，都是通过能量转化实现的。无论物理、化学、地质或生物，大到宇宙天体，小到原子核内部，只要有能量转化，就一定遵循能量守恒的规律。

最高境界总是相通的。

经济学有一个著名的博弈论概念，称为零和博弈或零和游戏——参与博弈的各方，在严格的竞争中，一方的收益必然意味着另一方的损失，博弈各方的收益和损失相加的总和永远为“零”，双方不存在合作的可能性。也可以说，自己的幸福是建立在他人的痛苦之上的，二者的大小完全相等，因而双方都会想尽一切办法去实现“损人利己”。零和博弈的结果只是一方吃掉另一方，一方的所得正是另一方的所失，整个社会的利益并不会增加一分。

物理和经济的能量永远守恒，心理和情感的能量也守恒。《班扎古鲁白玛的沉默》 这首小诗，形象地描述了心理和情感的能量是如何守恒的：

你见，或者不见我
我就在那里
不悲不喜

你念，或者不念我
情就在那里
不来不去

你爱，或者不爱我
爱就在那里
不增不减

你跟，或者不跟我
我的手就在你的手里
不舍不弃

套用诗中的语句，你见或不见，你念或不念，你爱或不爱，你跟或不跟，能量都在那里，永远守恒着，不增不减，不舍不弃，不悲不喜。

人生应有足够的能量

俗话说：吃得苦中苦，方为人上人。谈恋爱讲究门当户对，办企业按照股份分红。列席者没有投票权，投票权也不等于最终的决定权。生活中随时随地都在上演的马太效应、光环效应提醒我们，强者与弱者、智者与昏者之间，不太可能有相同的发展空间和机遇。

会当凌绝顶，一览众山小。通过对自我人生的系统化梳理，通过目标的树立与方法的磨砺，我们已经知道，应该如何拥有能量，拥有什么样的能量，拥有能量之后怎样朝着成功的方向转化。接下来的问题，在于坚决执行。

投入与产出成正比

抛弃任何幻想，天下没有免费的午餐，一分耕耘，一分收获。对投入做加法，对产出做减法，成功的概率自然会加大，内心的幸福指数才会高涨。步步高电器的主题歌这样唱：“世间自有公道，付出总有回报，说到不如做到，要做就做最好。”

1897年，意大利经济学家帕累托从大量具体的事实中发现：财富在人口中的分配是不平衡的，20%的人占有80%的社会财富。二八定律指出：在原因和结果、投入和产出，以及努力和报酬之间，存在着一种不平衡关系。这种不平衡关系的衡量标准是：80%的产出来自20%的投入，80%的结果归结于20%的起因，80%的成绩归功于20%的努力。

二八定律提醒我们：要抓住主要矛盾，用20%的付出赢得80%的收益；财富的分配不平衡，但是在全社会是守恒的。所以，应该努力寻找生命中的20%，牢牢地盯住它、抓住它，让它开出最鲜艳的花朵，结出最甜美的果实。

找到不守恒的原因

世间事，从来不会黑白分明或非此即彼。应该学会把握事物发展的深层轨迹和根本规律，别被表面现象所迷惑；学会以多角度的视野和高瞻远瞩的眼光，分析因果、寻找差距，再对症下药。

只要认清了自己的心，稳住了前行的舵，踏踏实实做事，堂堂正正做人，世事的纷繁复杂与生活的波澜起伏，就不会将我们引向岔路与歧途，就不会扰乱自己的评判标准和内心宁静。

全力促成能量转化

目前，我国能源形势相当严峻，供需矛盾日益突出，成为经济社会持续发展的最大制约，直接威胁到国家的经济安全。与能源短缺形成强烈反差的是，能源浪费现象惊人。我国能源利用效率只有33%，比国际先进水平低10个百分点左右。

国家需要能源战略，个人需要能量转化。能量为己所用，才算是现实的能量。平时加大投入、积蓄能量，是为了有朝一日大放光芒。懂得能量存储的众多方式，掌握能量转化的诸般技巧，能量与能量拥有者，才算是真正的各得其所，才算是利国利民、利家利己。

不以一时成败论英雄

一事有一事的守恒，一时有一时的守恒，一生有一生的守恒。总有一双天眼，注视着每一个人，注视着我们的言行举止与情感念想。抛弃幻想，脚踏实地，是拥抱幸福的前提。

清华大学副校长薛其坤先生，第一次考研高等数学只得了39分，第二次考研大学物理只得了39分。他毫不犹豫选择三战，终于成功。后来，他花了7年才拿下博士文凭。在接下来的20年里，他年平均工作时间330天以上，每天工作时间15小时左右，年平均工作5000小时。

最终，薛其坤团队比东京大学、麻省理工学院、普林斯顿大学、斯坦福大学的团队们，更早发现了量子反常霍尔效应。薛其坤因此在41岁时当选中科院院士，他说："只要你勤奋、执着、专注，就不会在世上一事无成。"

从宇宙自然或人类历史的角度看，每个人都只是人世间来去匆匆的孤单过客，坚持自我省察与自我完善，坚持自我成长与自我超越，坚持自我觉醒与自我担当，我们总得一次又一次地上路，一次又一次地前行。

机遇只留给有准备的人

俞敏洪在同济大学演讲时建议大学生："尽可能地多交朋友，交朋友首先你要做个好人，要做一个让人放心的人。中国企业界就是这种状态，如果你是个好心人，困难的时候一定会有人帮助。比如，2003年遇到SARS，我们马上给学生退学费，新东方的流动资金退光了，账上还缺2000万。我分别给两个朋友打了电话，当天晚上就搞定了。所以，你要变成一个让别人相信的人。要以别人为中心，要有服务精神。"

往者不可谏，来者犹可追。人都只有一生，人虽然不能选择自己生存的家庭、环境与时代，却可以自由选择自己的思想观念、行为方法与人生态度，也就是严格的自我管理。管理好了自己，就为迎接各方面的机遇做好了准备。

机不可失，时不再来。过了这个村，没有这个店。

李嘉诚对汕头大学的毕业生坦言："没有什么必然的成功方程式，首要专注的，是把能掌控的因素区分出来。如果成功是目标，驾驭自己能力内的可控事情十分重要。要持恒地终身追求知识，经常保持好奇心和紧贴时势以增长智慧。无论在言谈、许诺及设定目标各方面，都慎思和严守纪律。你的魅力，表现在你的自律、克己和谦逊中。这些元素连接起来，能凝聚与塑造成功的基础，帮助你应付控制范畴以外的环境。当机遇一现，你已整装待发，有本领和勇气踏上前路。"

不是为了机遇而"整装待发"，而是为了不辜负唯一的人生、为了自我的幸福而整体规划、深谋远虑、精心准备。当你的人格品质、思维方法、综合素养与执行能力成为人群中的佼佼者，你同时也成为魅力发光体和人气聚宝盆，各种机会自然会向你抛出橄榄枝。

机遇来临时，务求首战得胜。是金子，要尽快发光；是千里马，要自己跑起来，在实战中证明自己，也就是"不鸣则已，一鸣惊人"。第一次挂帅的胜败，对全局有极大的影响，包括整体的计划、团队的士气、个人的信心等。最为关键的是，只有取得首战胜利，才能拥有继续领导作战的指挥权。

人们常说，尽人事，听天命。一个"尽"字，意味着我们还有努力空间，还要尽心谋划。其实，天命可以也应该转化为使命，强化使命必将改变命运、成就自我；也就是说，成为自我人生的主导者、执行者与享受者。

机会面前人人平等，能不能抓住，主动权都在自己手里。

二、富贵成习

追求成功和幸福的人生，必须提前预防生命中的一票否决。一票否决体现的是全体一致性原则，是指只要有一人投了反对票，无论有多少赞成票，某项决策也不能通过。联合国安理会常任理事国之中，实行的就是一票否决制度，中国是这项权利的五个拥有者之一。

人生的成长轨迹，表现为逐渐深入的过程和不断上升的趋势，不断自我实现与自我超越，最后成长为自己想要成为的那个样子。但是，我们要高度警惕生命中的否决因素，比如执行力、健康、人格与习惯。缺乏行动力、身心病变、人格猥琐等，都可能是对自己人生某一个节点的一票否决。

所以，我们要提前预防。

提前预防“富贵病”

2004年11月，均瑶集团董事长王均瑶患肠癌逝世，年仅38岁。

2005年1月，清华大学教授高文焕患肺癌去世，年仅46岁。

2005年1月，中国社科院学者萧亮中心肌梗死去世，年仅32岁。

2005年1月，清华大学讲师焦连伟心肌梗死去世，年仅36岁。

2005年9月，网易首席执行官孙德棣患胆囊癌病逝，年仅38岁。

2006年1月，中发电气董事长南民脑血栓不治，年仅36岁。

2006年8月，运筹学界精英何勇患肝癌去世，年仅36岁。

2008年1月，百度首席财务总监王湛生不幸逝世，年仅37岁。

2008年7月，同仁堂董事长张生瑜突发心脏病逝世，年仅39岁。

2015年11月，金莱特董事长田畴因病去世，年仅43岁。

2016年10月，春雨医生创始人张锐心肌梗死去世，年仅44岁。

2017年4月，弘方股份董事长陈超因病去世，年仅44岁。

2017年6月，三祥新材独董熊兆贤因病逝世，年仅46岁。

2017年8月，旺盛园林董事长傅聿胜因病逝世，年仅46岁。

2018年1月，维信科技董事长黄国斌因故去世，年仅33岁。

2018年1月，朗科电气董事长刘显武因病逝世，年仅49岁。

2018年1月，威兰公司董事长李铁军因心脏病逝世，年仅46岁。

2018年10月，央视前主持人李咏因癌症去世，年仅50岁。

…………

类似的名单，可以罗列很长很长。

逝者安息，生者珍重。

在越来越大的生存压力下，“亚健康”成了人人都要面对的问题，就像潜伏在人们身体里的隐形杀手，不知道哪一天会突然冒出来，将人彻底打倒。其实，疾病的降临既有随机性，也有必然性；健康既不能随意挥霍，更不能提前透支。千万别等疾病缠身时，让梦想与美好变成了水中月、镜中花。

凡是生命，必有周期。人的生命周期有以下划分：

●器官健康期：指0至35岁，是人生最活跃的时期，身体的各类组织器官从开始发育到全面完善，各方面功能的总趋势在积极上升。

●疾病形成期：36至45岁，人的生理功能从峰顶开始下滑，部分器官将趋于衰退，比如动脉硬化开始形成，糖尿病症状开始显现等。

●生命高危期：46至55岁，一般来说，46至55岁是人生的黄金年龄段，这个时期的人大多年富力强，事业有成，各方面比较成熟。另一方面，这个年龄段的人，一是工作负担重，事业上不甘落后；二是家庭负担多，上有老下有少，子女须升学、就业，自己要升迁、提拔，精神负担和经济负担加在一起，很多人加班加点地工作，健康处于长期透支的状态，导致疾病频发，如冠心病、糖尿病、癌症等多在此阶段暴发，有的甚至危及生命。

英年早逝的悲剧，大多发生在46到55岁这个年龄段。因此，有专家称之为人生旅途中的“沼泽地”。

●相对安全期：56至65岁为安全过渡期。65岁以后，如果没有明显的器质性改变，身体反而会相对健康稳定。

如果一个人没有时间休息，就一定会有时间生病。提前预防“富贵病”，需要我们“管住嘴，迈开腿”，平时养成健康的饮食与生活习惯，加强身体锻炼；坚持定期体检，小病早治，大病严防；万一厄运不幸降临，勇敢而又坦然地面对，以坚强的意志去介入和反作用于生理变化。

有一个侦察连长带领小分队深入敌后，准确提供越军炮兵阵地各种数据参数后，返回途中突然遭遇越军，全队牺牲，连长头负重伤。消息传到了后方医院，没有别的人手可以抽调，英雄连长的护士女友痛不欲生，主动请战，带了四个民工前去救人，护士简单包扎了连长的头部，急切地要求男朋友：一定要挺住！一定要挺住！一定要挺住！

一路上如是者三，连长每次都眨眨眼睛，表示理解。等终于回到了我军医院，护士女友如释重负，想到男友会立即送上手术台获得救治，她兴奋地高呼大叫：“现在，你可以放心了……”

一根紧绷着的弦松弛下去，英雄连长永远地闭上了双眼。

顽强刚健的意志与心理，可以反过来对生理产生促进作用。在一些特定或紧急的情况下，比如生命危急、亲人遇险、生存重负等，身体机能对紧急状况本能地产生瞬间反应，肾上腺大量分泌出激素传遍整个身体，从而爆发出惊人的、超人的精神或身体能量。

正所谓，急中生智，绝处逢生。

非有大定力与大夙愿，不能消除大业障和大悲情，不能求得大领悟或大超越。人活在世界上，总得有一种精神。即使胜不了老天，也要奋力去争斗，不能让它赢得太轻松。面对疾病、挫折与危机，正确认识、积极应对，输赢的标准在心里，只要战胜了自己，无论怎么样都是赢家。

掌控习惯的力量

有人问一位诺贝尔奖获得者："您在哪所大学、哪个实验室，学到了您一生中最主要的东西？"

这位白发苍苍的学者回答："在幼儿园。"

"在幼儿园?!您学到了什么呢？"

学者答道："把自己的东西分一半给小朋友们，不是自己的东西不要拿，东西要放整齐，吃饭前要洗手，做错了事要道歉，午饭后要休息，要仔细观察大自然。从根本上说，我学到的重要东西就是这些。"

从小养成的良好习惯，使老学者受益终生。

人的一生，习惯也具有一票否决权吗？仔细探究下去，答案是肯定的。打手机、拧毛巾、穿衣服、背肩包、系鞋带……每个人都有自己稳定的习惯。英国诗人德莱顿说："我们先养成了习惯，随后习惯造出了我们。"培根认为："习惯是一种巨大的力量，它可以主宰人生。"

人的每一次自觉或不自觉的行动，都会在性格中沉积下来，成为性格的一部分；久而久之，就会习惯成自然，变成性格中根深蒂固的因素。所以说，性格就是已经定型的习惯。

美国畅销书作家杰克•霍吉撰写的《习惯的力量》一书，把习惯比喻为飞驰的列车，惯性使人无法停步地冲向前方。前方有可能是天堂，也有可能是深谷，习惯就是你的方向盘。习惯是潜意识的活动，就像人体各种软件的编程，一旦启动就会按照既定的程序演绎推进。杰克•霍吉认为："行为变成了习惯，习惯养成了性格，性格决定命运"。

形成好习惯

叶圣陶先生说："凡是好的态度和好的方法，都要使它化为习惯。只有熟练得成了习惯，好的态度才能随时随地表现，好的方法才能随时随地运用。好像出于本能，一辈子受用不尽。"教育家楚图南先生认为，成功人生就是一系列成功习惯的累积："我们知道人是一束习惯，这种习惯是日积月累养成的。我们又知道我们生在世上，实有好多大事业等待我们去做。固然成功与否，是靠我们的聪明才力，但是，如果我们没有成功的习惯，我们的聪明才智将无所施展。"

根据行为心理学的研究，任何一个良好习惯的养成，都需要一个完善的过程。21天以上的重复有望定型，90天的重复则会形成稳定的习惯。所以，一个观念如果被你自己验证了21次以上，它就有可能会变成你的信念。其实，这些机械而玄乎的数字，无非是在强调重复性带来稳定性。

第一个阶段：第1天至第7天左右，这个阶段的特征是"刻意，不自然"。需要十分刻意地、经常性地提醒自己去改变，而人处于这种自我改造之中，会觉得有些不自然和不舒服。

第二个阶段：第7天至第21天左右，这一个阶段的特征是“刻意，自然”。已经觉得比较自然舒服了，但是一不留意，还会回到从前的状态；因此，还需要刻意地提醒自己坚持不懈。

第三阶段：第21天至第90天左右，这个阶段的特征是“不经意，自然”。其实这就是习惯，这一阶段也被称为“习惯性的稳定期”。一旦跨入这个阶段，就已经完成了自我改造，这个习惯已成为生命的有机组成部分，从此，它会自然而然、持续不断地为你“效劳”。

改掉坏习惯

改除坏习惯与培养好习惯，是同一个事物的两面，同等重要，也同等的困难。俗话说，学好千日不足，学坏一日有余。为什么会这样？因为江山易改，本性难移，人本来就对坏习惯的免疫力很差，而坏习惯一般都潜伏在人的本性之中。

坏习惯并非不可改变，关键是要掌握恰当的方法：

●对坏习惯的成因、内容和危害有全面的认识。拿自己的坏习惯与别人的好习惯反复地比较，让自己发自内心地鄙视它、厌恶它、痛恨它。展开对坏习惯改掉之后美妙状况的想象，让自己为之心驰神往。

●用新的兴趣、嗜好，取代旧的兴趣、嗜好。要重视旧习惯的反作用力，刚开始调整的时候，旧习惯的冲击力反而会增加，这也是有些人总是改不掉坏习惯的原因。

●要么重复旧行为直至疲乏或出现极不愉快的反应，比如，让减肥者不停地进食，直到恶心为止；要么痛改前非、刮骨疗毒，轻易不要寄希望于用渐进的、量变的方式改掉恶习。

●不要用补偿的方式来戒掉坏习惯，那样反而会让你陷入新的诱惑之中。 例如，有的人一星期都在节食，但是到了周末却大吃蛋糕作为补偿。改掉坏习惯的最好报酬，是未来的自由心境与人生的丰硕成果。

人生的好习惯

这样的标题其实有歧义，习惯的好与坏，因人、因事、因时而异，不能一概而论。以下是网络上流传的文字，供读者根据自己的实际情况去补充和完善。让我们从今天做起，连续坚持90天，再坚持数十年，培养众多良好的习惯，拥抱幸福而有价值的人生。

1．诚信，说到做到。

2．凡事预先计划，订立目标。

3．遇事找方法，而不是找借口。

4．坚决不说“不可能”三个字。

5．节俭，且定期存钱。

6．及时正面处理消极或负面事件。

7．坚持做有利于学习和工作的事情。

8．守时，随时用零碎时间做零碎的事。

9．每天自我反省一次，哪怕只有3分钟。

10．随时记录，不要单纯依靠大脑的记忆。

11．每天出门照镜子，给自己一个自信的微笑。

12．目标和任务张贴出来，随时提示自己。

13．走路比平时快20%，肢体语言健康有力。

14．重要决策前、烦躁或紧张时：闭眼，听心跳一分钟。

15. 说话有力，感觉自己的声音能产生磁场。

16. 说话之前，先考虑一下对方的感受。

17. 用心倾听，不打断对方说话。

18. 开会、听讲时，坐在前排。

19. 微笑，微笑，再微笑。

20. 经常运用头脑风暴法。

21. 及时表达感谢。

22. 不用训斥、指责的口吻跟别人说话。

23. 提前15分钟上课或上班，推迟30分钟下班。

24. 睡觉前，用5分钟的时间做一天的总结。

25. 学会给心灵洗澡。

26. 每天健身30分钟。

27. 每天阅读30分钟。

对于你个人，还应该坚持哪些好的习惯？请记录在案：

28. ____。

29. ____。

30. ____。

三、越成功越幸福

让我们先来认识两位小朋友：

第一个男孩，有一天他跟着妈妈到杂货店去买东西，老板看到这个可爱的小孩，打开一罐糖果，要小男孩自己拿一把。但是，这个男孩却没有任何动作。几次邀请之后，老板亲自抓了一大把糖果，放进男孩的口袋。

回到家里，母亲好奇地问儿子：“为什么自己不去抓糖果，而要老板抓呢？”小男孩回答得妙极：“因为我的手比较小呀！老板的手比较大，所以，他拿的一定比我拿的多很多！”

第二个男童叫郑振涛，雅安地震时刚刚4岁，人群中他竟然主动要求记者采访他，将他录入镜头以便让远在上海的外婆能看到。记者让他给外婆唱一首歌，他宣布要唱“中国的歌”，开口就唱：“五星红旗迎风飘扬，胜利歌声多么响亮，歌唱我们亲爱的祖国，从今走向繁荣富强。”

小振涛年轻的母亲，一直在旁边微笑着擦拭眼泪。

俗话说“三岁看小，七岁看老。”这是两个聪慧、机灵的小朋友，从小就懂得巧妙地利用现场资源，将机会效益最大化，小小年龄给无数成年人上了生动的一课。

熟练掌握心理效应

快餐，我们知道肯德基和麦当劳，第三是谁？

飞机，我们知道波音和空中客车，第三是谁？

饮料，我们知道可口与百事可乐，第三是谁？

我们知道，世界第一海沟是马里亚纳海沟，最大水深11 034米。我们还知道，世界第一高峰珠穆朗玛峰高度为海拔8844.43米。可是，世界第二海沟是哪一条？第二高峰是哪一座？

我们为什么只记得第一，记不住第二、第三、第四？其实，世界第二高峰即乔戈里峰，登山者称之为K2峰，海拔8611米，位于喀喇昆仑山脉的中巴边境，与珠穆朗玛峰遥相呼应。只是因为屈居第二，才鲜为世人所知。

上述种种现象，包含了生活中常见的马太效应：好的愈好，坏的愈坏；多的愈多，少的愈少。《圣经·马太福音》第25章有一则寓言：凡有的，还要加给他叫他多余；没有的，连他所有的也要夺过来。社会学家从中引申出马太效应这一概念，用以描述社会生活中普遍存在的两极分化现象。

人的健康包含了生理健康和心理健康两个方面，所以，认识外在世界与认识内在心灵同等重要。喜、怒、忧、思、悲、恐、惊，心理学家提炼出的数百种心理感受，也不足以描述人的内心的复杂、细腻、敏感和多变。

随着市场经济的日益发展与逐步完善，许多传统的价值观念正悄然改变。我国已进入一个延续时间较长的社会转型期，各种复杂的矛盾、冲突与变化交织在一起，每时每刻都在考验着亿万当事人的心理承受能力；生存的重负、观念的局限、内心的渴望，敲打着无数稚嫩柔弱疲惫的心灵。

香港中文大学心理学教授林孟平说："如果有一天，你开始学习心理学，那是你的福祉。"人的一生，总会有迷失波折迟疑犹豫的时候，人际心理学、爱情心理学、职场心理学、儿童心理学、创富心理学……都在殷切地呼唤专业的心理医师。有了心理医师的出场，描述、解释、预测和影响人的行为，提高生活质量与幸福指数，多少人一生的命运将因此而改变。

为此，我们简要介绍几种常见的心理效应。

●光环效应：美国心理学家凯利提出了"光环效应"，又称"晕轮效应"：一个人的某种品质，或一个物品的某种特性，给人以非常良好的印象；在这种印象的影响下，人们对这个人的其他品质，或对这个物品的其他特性也会给予较好的评价。这种爱屋及乌的强烈特点，就像月晕的光环一样，向周围弥漫与扩散，所以人们就形象地称之为光环效应。

光环效应揭示了个人在敬仰、爱慕他人的过程中，所形成的夸大了的社会认知，其最大的弊端在于以偏概全。和光环效应对应的是恶魔效应，就是对人的某一品质，或对物品的某一特性有坏的印象，会使人们对这个人的其他品质，或这一物品的其他特性的评价偏低。

这种现象在爱情和偶像崇拜中最为突出。

名人效应就是一种典型的光环效应。拍广告的多数是那些有名的歌星、影星，很少见到名不见经传的小人物。因为明星推出的商品更容易得到大众认同。就是说：光环效应助你进入良性循环，恶魔效应让你进入恶性循环。

专业书籍或网络上均可查找到常见的心理效应，如首因效应、近因效应、门槛效应、共生效应、刻板效应、蝴蝶效应、贝尔效应、定式效应、罗森塔尔效应、投射效应等等。以下再介绍4种：

●名片效应：两个陌生人刚开始交往时，如果一方表明自己与对方的态度和价值观相同，就会使对方感觉到你与他还有更多的相似性，从而很快缩小与你的心理距离，愿意与你进一步接近，形成良好的人际关系。

有意识、有目的地向对方表明自己的态度和观点，如同名片一样把你介绍给了对方。人际交往中，人们总是在寻求相互之间的共同点：同乡、同性、同年、同名、同姓、同校、同行、共同的经历与朋友……都是名片效应的变种或延伸。

●改宗效应：美国社会心理学家哈罗德•西格尔研究表明，一个问题对某个人来说十分重要，如果他在这个问题上能使一个“反对者”改变意见而和自己的观点一致，他宁愿要那个“反对者”，而不要另外一个同意者。

改宗效应使我们明白：没有是非观念的“好好先生”被人瞧不起，因为他们给人一种没有能力的感觉；而很多敢于直言是非、勇于开展批评的人，最终反而能受到人们的喜爱，是因为他们给人一种富有才能的感觉。

●淬火效应：原意是指金属工件加热到一定温度后，浸入冷却剂如油、水中进行冷却处理，工件的性能更好、更稳定。教育学上也会有类似的方法，称为“冷处理”。对于那些长期受表扬、头脑有些发热的学生，不妨设置一点小小的障碍，施以“挫折教育”，经过锻炼其心理会更趋成熟，心理承受能力更强。对于生活中的麻烦事或已经激化的矛盾，不妨采用“冷处理”的方法，放一段时间，思虑会更周全，办法会更稳妥。

●鲶鱼效应：有一位挪威船长，总能让大部分沙丁鱼活着回到渔港。他一生严格保守着秘密，直到去世谜底才被揭开：船长在装满沙丁鱼的鱼槽里，放进了一条以沙丁鱼为主要食物的鲶鱼。鲶鱼进入鱼槽后，由于环境陌生，便四处游动；沙丁鱼见了鲶鱼十分紧张，左冲右突，四处躲避，这样一来，条条沙丁鱼欢蹦乱跳地回到了渔港。这就是著名的“鲶鱼效应”。

对于渔夫来说，鲶鱼效应在于激励手段的应用。渔夫利用鲶鱼促使沙丁鱼不断游动，以保证其鲜活，获得最大利益。在企业管理中，领导者同样需要引入鲶鱼型人才，以此来改变一潭死水的企业状况。

对于鲶鱼来说，鲶鱼效应在于自我实现。鲶鱼型人才是企业管理必需的，应该珍惜来之不易的机会，发挥自己独特的作用。同时，这类人才也要学会低调、韬光养晦并功成身退，防止其他势力的联合打压。

对于沙丁鱼来说，鲶鱼效应在于增强忧患意识。沙丁鱼型员工的忧患意识太少，一味地追求稳定安宁；如果不想窒息而亡，就必须活跃起来，积极寻找新的出路。

越是深入了解人类的内在心灵，就越会发现每个人的内心都是一座迷宫。正确地认识、了解、掌握并利用心理效应，对人们的日常生活、工作都具有非常重要的指导作用。在此基础上，进一步去学习心理学知识，对外有助于人际关系的协调与润滑，于己有利于对生活、对幸福的进一步体验。

高度重视关键细节

1986年1月28日，美国挑战者号航天飞机载着人类征服宇宙的希望腾空升起，可惜仅仅73秒后，价值12亿美元的航天飞机瞬间化作碎片而坠入大西洋，7名机组人员全部遇难，造成了迄今为止世界航天史上最大的惨剧。事后查明，航天飞机爆炸的原因，是因为一块小小的橡胶垫片出了问题。

千里之堤，溃于蚁穴。这种细节决定成败的案例，比比皆是。

文学创作讲究细节描写，抓住生活中细微而又具体的典型情节，加以生动细致的描绘，刻画人物性格，揭示内心世界，表现复杂感情。好的细节描写能够使人物性格鲜明、活灵活现，增强其内容的真实性、生动性和感染力，让读者如闻其声、如见其人、如临其境。

如果说，人生无非是衣食住行，生活无非是柴米油盐，情感无非是喜怒哀乐，那么我们每时每刻都被细节包围着，也可以说生活中重大的事件，都是由许多细小、琐碎的环节构成的。因为细小、琐碎、杂乱且司空见惯，人们便容易忽视各种细节。

面对细节，有的人认为细节无伤大雅，放任自流；有的人又走向了反面，整日里捡了芝麻丢了西瓜，滑入到事务主义的泥潭；真正的智者应该懂得，细微之处见端倪，要见微知著，不要因小失大，不能为了细小的、暂时的、局部的利益，造成巨大的损失或遗憾。

一位物理学家制作了一组13张多米诺骨牌，最小的一张长9.53毫米，宽4.76毫米，厚1.19毫米，还不如指甲大。然后以每张扩大1.5倍的比例，依次设计其余12张牌，最大的第13张牌长61毫米，宽30.5毫米，厚7.6毫米，大小相当于扑克牌，厚度是扑克牌的20倍。

物理学家按照精确的计算，把这套骨牌按适当间距排列好，轻轻地推倒第一张，第二张、第三张顺次倒下，当第13张骨牌倒下时，其释放的能量比第一张牌倒下时扩大了20亿倍。这种能量以几何级数增长，如果继续制作到第32张牌，倒下时所产生的力量，将足以推倒美国帝国大厦。

这就是人们常说的“多米诺效应”，多么惊人的数字和现象！不论在政治、军事、商业领域还是个人奋斗的过程中，我们应该注意防微杜渐，随时查出漏洞，及时堵塞漏洞，防止小事的破坏性呈几何级数增长。

有人认为，当今是一个细节取胜的年代。有一个应届大学毕业生撰写的求职信，充分展示了自己的诸多关键细节，尚未走出校门便被众多企业争抢。现将这封求职信的三个部分摘录如下：

父亲逼迫我疯狂地读书，母亲驱赶我满世界旅游，我才有以下经历：

●博览群书：大学4年读书超过320册，已通览金庸、周国平、余秋雨、王小波、于建嵘、郭敬明等人的著作，阅读范围还包括中国历史、管理理论、古典诗词、法学概论等。拥有系统化的辩证思维方式和创新开放的价值观念，宏观预测与微观举措相结合，掌控全局、不失细节；具有高品位的观察分析、组织管理、语言表达素养，视角与触角遍及人类生活众多领域。

●周游全国：独自游览过北京、上海、天津、广东、江苏、浙江、山东、河南、安徽、福建、江西等省市，陪父母游历辽宁、吉林、香港和澳门地区。每个暑假独自赴外游学，寄情山水，锤炼意志，体察民俗，吸纳养分。

●补充说明：多次参加或组织户外拓展训练。2年驾龄，驾驶里程超过3

万公里。基本的商务礼仪已融化在血脉之中。中等酒量。可以裁判所有球类比赛。已通过英语四级。卡拉OK达到准专业水平。

其实，细节是一把双刃剑。

细节决定个人事业与人生的成功与否，决定人格、方向、目标和战略的正确与否。能够体现自我人格品质的细节、影响单位根本利益的细节、代表事物本质特征的细节、左右事物发展格局的细节，才是我们应该长期观察、紧紧抓住且发扬光大的细节。有时候，应该将这一类细节抓住不放。

先立乎其大者，则其小者弗能夺也——这是指战略的重要性。

不积跬步，无以至千里；不积小流，无以成江海——这是细节的重要性。

细节组成整体，又服务于全局，将关键细节与战略全局紧密结合，方为成功的正道和打开幸福之门的钥匙。

深刻汲取经验教训

前人的成功经验与失败教训，何止千千万万。对于那些善于总结经验、吸取教训、取长补短的人来说，失败是成功之母；可是，对于以下三种人，失败并非成功之母，只不过是一句格言。

●有些人越读书越中毒。他认为1＋1＝1或者别的结果，如果读到一本书写着1＋1＝2，他就骂一次写书的是笨蛋，再读到一本书上写着1＋1＝2，他又骂一次写书的是笨蛋。读书越多，反而离正确越远，中毒越深，改正错误的机会越少。究其根本原因，首先在于自己的观念和认知错了。

为什么不先问一问自己的问题出在哪里呢？为什么不能经常听一听别人的意见呢？为什么不保持一个开放的系统与外界沟通呢？

●有些人越经历越偏激。人生的经历，该珍藏的珍藏，该遗忘的遗忘。

可是有些人偏不，一直生活在回忆和阴影之中。他们不懂，苦难也是人生的财富，是再世为人的资本。于是，感觉生厚茧，情绪日偏激，心灵长毒素，表现为或怨恨自己，或怨恨他人，甚至怨恨整个社会与人生。

当我们回首往事，也许就会发现，那些终生难忘的、值得怀念的重要的人生经历，大都集中在曾经让我们觉得困难的事情上。实际上，这些困难是在增长我们的见识，提高我们的能力，磨炼我们的心智。

佛说："不悲过去，非贪未来。心系当下，由此安详。"

●有些人只规划一半人生。刚刚人到中年，便开始把主要的希望寄托于子女，挤进最昂贵的学校，填充超额的营养，提出成堆的要求，参报无穷的补习班，满怀过分的期望……给予子女正常、健康和力所能及的教育是父母应尽的职责，但一旦履行这种职责要以牺牲自我人生规划和生活质量为代价，子女情何以堪？温室里拔苗助长的培养方式，是你的子女所需要的吗？这种牺牲又真是你的一生所注定了的吗？

塔勒布在《反脆弱》中提出："生命体和组织在不断受到非致命伤害后，会产生自我补偿机制。"就是说，我们越是"接触"小伤害，就会因自我补偿机制而变得越来越强；反之，我们越是"拒绝"小伤害，就会因"过度保护"而变得越来越弱。这就叫"溺爱成灾"。

贾平凹在《五十大话》中说："当五十岁的时候，你会明白人的一生其实干不了几件事情，而且所干的事情都是在寻找自己的位置。五十岁之后最好的活法就是六个字：想开，看开，放开。不羡慕别人辉煌，不喟叹世态炎凉，用平常的心态，经营最美好的生活。所以，我很幸福地过我的日子。"

任何只停留在表面的修饰美化，比如改变口才、风度、衣着等，都只是人生的装潢艺术，无法使人真正得到成长。要彻底改变旧我，要成为一个真正的人，必须有一颗坚强的心，来支撑你去经历更高层次的蜕变。学会在工作与生活中，熟练把握心理效应、高度重视关键细节、深刻汲取经验教训，必将增加成功的概率，必将有助于成功和幸福。

四、幸福都是奋斗出来的

每一个人来到这个世界，不分性别、肤色、种群、民族、文化或者国籍，在千差万别的环境中逐渐成长，或多或少地遗传或继承了先辈们的血脉灵魂，慢慢地拥有了一种自我意识，然后走向或融入纷繁复杂的外在世界，从而拥有了异彩纷呈的人生形态与生命感悟。

一个人不一定非要成为一个成功的人，但首先要成为一个有价值的人。生命本来没有名字，所有的人生价值与意义，都是我们自己用一生的时间，在寻找、在奋斗、在挥写。

幸福是什么

追求幸福是人的天性，是人类发展的永恒主题，是所有目标的最终目标。幸福是一种感觉，是一种信仰，更是一种生活与生存方式。

●幸福是清醒的自我认知。谁要幸福？谁在幸福？是自我，是每一个独立和独特的主体。没有自我，一切都是浑浑噩噩、懵懵懂懂，讨论人生和幸福的前提都不存在。有了清醒的自我认知，知道自己从哪里来、将往哪里去，知道自己要什么、将度过怎样的一生，于是，所有的人生规划将由此展开，自我逐渐趋于独特和完善，生命便有了价值和意义。

●幸福是高尚的人格树立。一颗阴暗的心，撑不起一张灿烂的脸。为了眼前的快乐而不计后果，总有一天会有报应。人生的幸福，必须在理性指导和道德约束下才能实现，必须加强自我管理，控制欲望程度，追求道德完善。让自己幸福的秘方，是让别人幸福——将浅层次的快乐，转化为深沉的满足感和持久的幸福感，独乐乐不如众乐乐，既自得其乐也助人为乐。

马克思说："如果我们选择了最能为人类福利而劳动的职业，那么重担就不能把我们压倒，因为它是为大家而献身；那么我们所感到的就不是可怜的、有限的、自私的乐趣，我们的幸福将属于千百万人，我们的事业将默默地，但是永恒发挥作用地存在下去，面对我们的骨灰，高尚的人们将洒下热泪。"

●幸福是明确的目标设定。没有前行的目标，就没有方向，就只能随波逐流，就只会人云亦云，就没有强劲的动力和成长的快乐。一个人怀才不遇或事业受挫，总是一种不幸。有了明确的目标，心有牵系，激发内在的潜能，调动外部的资源，掌控科学的方法，为之奋斗不息，生活有盼头、有奔头，既享受过程也享受结果，心灵就会踏实和饱满。

●幸福是健康的身心修养。托尔斯泰说："最高的幸福不是金钱，对于个人来说是健康，对于人类来说是和平。"身心健康，是享受幸福的前提条件。如果被消极情绪控制，或者被病痛躯体折磨，幸福都会渐行渐远。消除现代人的软骨病，提前预防"一票否决"的不利因素，将一路伴随的挫折转化为心灵的营养，学习、工作与生活中培育良好习惯，才会步入幸福的正道。

●幸福是和谐的关系协调。一个人即使事业成功、生活富足，如果感情不顺、关系僵硬，也很难幸福。仁者乐山，智者喜水，和有趣的人生活在喜欢的环境中便是一种幸福，和睦之情是人生宝贵的财富。法国哲学家蒙田认为：“和自己的亲人和睦相处，这是比攻城治国更加了不起的成就。”满足个人兴趣，履行身份职责，爱事业，爱家人，爱自然，爱艺术，都将增加我们的幸福感。

个人奋斗时间表

正常情况下，个人奋斗一般要经历学习、奋斗、发展三个阶段：

●学习期：通过广泛拜师学习，为自己创业作好全面准备。又分为：

跳槽期：通过不断而有目的地筛选比较，找到自己喜欢的行业和立足点。

修炼期：面壁三年图破壁，积累资源和经验。记住一个原则：一年入行，两年入门，三年小成。

等待期：寻找和等待创业机会与合作伙伴，下定决心做什么。

●奋斗期：是创建自己的事业或平台，并保证有一定的利润。

企划期：为已经构想好了的创业作详细具体的计划。基本策略是亲自动手做一切，不熟悉坚决不做。

创建期：按照上述计划逐项实施创业梦想。应对策略是，时间越短越好，花钱越少越好。

生存期：事业已启动，生存最重要；活下去，才有发展和突破的可能。

奋斗期：一鼓作气，艰苦卓绝，使利润快速增长到可以松一口气的水平，挖到第一桶金。

●发展期：让事业稳定在一个高点水平，保证良性循环。

调整期：保卫胜利果实至关重要。奋斗期裹着一身泥沙往前冲，现在是该清洗的时候了；奋斗期的目标已经实现，应该考虑新的经营思路了。不要急于扩张，别让奋斗期的成功冲昏你聪明的大脑。

巩固期：加强调整，稳定客户，扩大战果，做好服务，形成核心竞争力，为未来的发展打下坚实基础。做团队教练，不要只做球员；建立良好的企业文化和利益分配体系，留住英才。

发展期：事业在一个稳中有升的水平上运行。但是，切忌独断专行或者以为可以高枕无忧。今天的成功经验，也许明天就过时了。最安全的办法，或是进攻，或是让专业的人做专业的事，聘请顾问与职业团队管理。

至此，回头有精彩的故事，低头有坚定的脚步，抬头有清晰的远方。

让幸福与成功同行

幸福是生命的目的，成功是人生的美景。幸福是放松，是自由，是心花怒放，是心中那抹灿烂的云霞，更是成功的喜悦。

并不一定每一颗心，都会是那样的饱满。许多人一生都很忙碌，却并不见得有意义。如果本来就缺少生命的历练，也不曾拥有恰当的人生参照坐标，虽然万事万物不断地在眼前滑过，其实不曾进到内在的心理结构，就永远是身外之物，心灵仍然是一片沙漠。

人都只有一生。每个人既是人生的事件当事人，又是局外旁观者；既是答题的学生，又是判卷的老师；既是人世的过客，又是自我的主宰。只有将经历过广泛比较与深入思考的人生选择，转换成一种内在的精神力量，才能够自圆其说，经得起时间的检验。

世界很大，人生很短。生活中，每个人都是一处风景，听一首自己喜欢的音乐，哼唱几句来自内心的旋律；为家人准备一顿丰盛的晚餐，为爱人沏一杯清茶；读一篇美文，从字里行间感受轻松和愉悦；投进大自然仰头看参天大树直冲云霄，听候鸟婉转啁啾吟唱，都是幸福的表达。

无论是事业、家庭还是爱情，幸福是一种美好愉悦的心情，是一种知足的心态，是一种自然的感觉。即使你的幸福很平凡，它也是一种成功的生活状态。

幸福和成功的定义不仅仅是对眼前事物的肯定，也是对未来的一个期待，对人生的一个总结。我们既把握当下，也放眼未来。幸福和成功兼得的人生，才是最高境界的人生。

人没有高低贵贱之分。就让我们，在嬉闹中享受亲情，在沉静里品味孤独；在回眸中反思流年，在期盼里设计未来；在忙碌中慈悲人性，在闲暇里充实自我——让自己的心丰富而又纯粹，真挚而能安住。让我们敬畏命运的无常，悲悯人性的无助，体验人生的波澜壮阔。展望未来，我们完全有理由坚信，总有一种情感，让我们泪流满面。

你幸福了，你的人生就是成功的。

幸福都是奋斗出来的

习近平总书记在2018新年贺词中说：幸福都是奋斗出来的。

天道酬勤，奋斗铸就人生，只有奋斗的人生才称得上幸福的人生。奋斗令我们的生活生机勃勃，责任让我们的生命充满意义，压力让我们不断成长，成就让我们豪情满怀。

●奋斗是艰辛的——“宝剑锋从磨砺出，梅花香自苦寒来”。艰难困苦，玉汝于成，没有艰辛就不是真正的奋斗，我们要勇于在艰苦奋斗中净化灵魂、磨砺意志、坚定信念。现在的努力，都是为了以后能有更多选择的机会。世界上没有坐享其成的好事，要幸福就要奋斗。

●奋斗是长期的——不积跬步，无以至千里；不积小流，无以成江海。

对一个社会而言，奋斗是推动时代前进的动力。对每一个个体而言，奋斗是实现自身成长的阶梯。正是靠着不懈奋斗，才能抓住稍纵即逝的人生机遇，创造属于自己的辉煌。前人栽树，后人乘凉，伟大的事业需要几代人，甚至十几代人的持续奋斗。

●奋斗是曲折的——“为有牺牲多壮志，敢教日月换新天”，幸福不会从天而降，唯有脚踏实地的奋斗者，才能在历史的年轮上刻印足迹。只有奋斗才能改变，唯有奋斗才能创造无限可能。要奋斗就会有牺牲，我们要始终发扬大无畏精神和无私奉献精神。

历史车轮滚滚向前，时代潮流浩浩荡荡。历史只会眷顾坚定者、奋进者、搏击者，而不会等待犹豫者、懈怠者、畏难者。只有奋斗，才能创造幸福的未来；只有奋斗，才能成就更好的自己。

生命不息，奋斗不止！

“要坚持把人民对美好生活的向往作为我们的奋斗目标，始终为人民不懈奋斗、同人民一起奋斗，切实把奋斗精神贯彻到进行伟大斗争、建设伟大工程、推进伟大事业、实现伟大梦想全过程，形成竞相奋斗、团结奋斗的生动局面。”正如习近平所说，“新时代是奋斗者的时代”。

到此，我们可以自豪地说：本书所选择的关于成功和幸福、奋斗和美好生活的话题，与时代的主旋律是紧密联系在一起的。

五、做天地间幸福的人

孔子说：“志于道，据于德，依于仁，游于艺。”

志于道，就是要立志高远，以最高境界为引领。

据于德，就是要举止规范，从道德的行为开始。

依于仁，就是要修养内心，对人对物富有爱心。

游于艺，就是要知识渊博，人生有趣味与魅力。

你可能渺小而平庸，也可能美好而杰出，逆境时，不因风霜雪雨而放弃追求阳光的初衷；顺境中，预知前行的路途绝非坦荡如风。身居高位，保持平常之心；身处卑微，不坠青云之志。

夫天地者，万物之逆旅也；光阴者，百代之过客也。宇宙浩渺无涯，地球只是宇宙中的一个点，人类又只是宇宙中的一粒微尘。修身是我们的立身之本，脚踏实地才能跃得更高。心灵越纯粹，胸襟越开阔，视野越宽广，对生命内涵和宇宙真理的了解就会越深入，就越能拥有幸福的感受。

诚实守信

康德说过，世界上有两样东西最让他敬畏，这就是头顶的星空和心中的道德律。头顶的星空是外在的必然，心中的道德律是内在的良知。

待人以诚，才能人待我诚。商鞅“立木为信”，季布“一诺千金”，都是古人讲诚信的言传身教。《礼记》说“不诚无物”，没有诚意便没有一切。孔子强调：“人而不仁，如礼何？人而不仁，如乐何？”如果一个人缺乏内心的真诚，礼乐对他有何意义？一切都是表演、作秀，只是浪费生命。

诚信是人的人格身份证。古谚说“诚为上策”，可以说诚信不只是上策，甚至是唯一的策略。处理一切人际关系的出发点、支撑点与落脚点，最终就在“诚信”二字。

道德修养的最高境界是“慎独”，善始而慎终，不因环境与条件的变化而改变内心的原则。能够“慎独”的人，是自信而有底气的人，更是幸福之人。清醒地认识自己，诚实地面对自己，无论何时何地，无论何情何理，我们都应该做到：扪心自问，良知不亏。

仁者无敌

人生真正的财富不是才华，不是美貌，不是广厦华堂、富甲一方，也不是手握权柄、一呼百应，而是伟大的人格与心灵的力量。正所谓小胜靠智，大胜靠德；邪不压正，仁者无敌。

1976年1月8日，中国总理周恩来逝世。9日凌晨5点，联合国总部大厅的联合国大旗降了半旗，所有联合国会员国的国旗，都不升起。这在联合国的历史上从无先例。因此，有的国家大使提出质问："我们国家的元首去世，联合国的大旗依然升得那么高；中国的第二首脑去世，联合国降半旗还不算，还把其他国家的国旗收起来，这是为什么？"

当时的联合国秘书长瓦尔德海姆说："为了悼念周恩来，联合国降半旗，这是我的决定。原因有两个：一、中国是一个文明古国，她的金银财宝多得不计其数。可是她的总理在国际银行没有一分钱存款。二、中国有10亿人口，可是她的总理周恩来却没有一个孩子。如果你们任何一个国家的元首能做到其中一条，在他去世时，联合国总部也可以降半旗。"全场为之默然。

人群中有一种典范权，人们也服从典范权。典范权来源于：自信而负责，道德加操守，牺牲有贡献。一个人越是富有个人魅力，比如周恩来、雷锋、特蕾莎修女等等，典范权就越大。在大多数情况下，个人魅力会转换成一种典范的力量，让人们心悦诚服、争相效仿。

特蕾莎21岁正式成为修女，27岁决定成为终身职业修女。终其87年的一生，她把一切都献给了穷人、病人、孤儿、无家可归者和临终者，以博爱的精神，默默地关注贫穷的人，使他们感受到尊重、关怀和爱。

特蕾莎修女用诚恳、服务而有行动的爱，为通往社会正义和世界和平开辟了一条崭新的道路。她留下了4000个修会的修女，超过10万人的义工，以及123个国家的610个慈善工作者。

1997年9月去世后，印度政府为她举行国葬，来自20个国家的400多位政府要人参加了她的葬礼，其中包括3位女王与3位总统。

2009年10月4日，诺贝尔基金会评选出100年来最受尊崇的3位诺贝尔奖获得者是：1921年物理学奖得主爱因斯坦、1964年和平奖得主马丁·路德·金和1979年和平奖得主特蕾莎修女。

海到尽头云作岸，山登绝顶我为峰。

达则兼济天下，穷则独善其身。知道如何选择，懂得如何放弃，明白如何坚守，有缘人领受至情至爱，有心人察悟永恒神圣。向最高境界行注目礼，外无恩怨，对己不纠结，充溢着幸福圆融，执着于生命真谛；只要是人性高妙博大之所系，虽千万人返吾往矣。

做天地间幸福的人

少年颇负倜傥名，略触谈锋举座惊。

足涉八荒志在远，胸填五岳意难平。

王侯将相了无意，农工学商各有情。

踏平坎坷成坦途，大道如天任我行！

这是现代诗人牟宜之先生，20岁时创作的《少年行》。鹰击长空，马驰山野，驴在原地转圈，蛙坐井底观天，虽然共处同一片蓝天下，却又属于完全不同的世界。

人生天地之间，当敬畏宇宙博大，汲取天地精华

四方上下谓之宇，古往今来谓之宙。宇宙的四极八荒，世界的包罗万象，从来都以其内在的规律运动变化。无论人类的大脑如何聪明，科技如何发达，人类永远也难以穷尽宇宙自然的奥秘。道家认为，人身三宝精气神，精足则气充，气充则神旺；气足则精盈，精盈则神明；神明则气畅，气畅则精固。三者协调统一，共同维持人的正常生命活动。

仰望星空，必须懂得抬头。人活一世，应该拥有精神。王蒙在《庄子的享受》中写道：“天地与我并生，万物与我为一，这是一种境界，人活一世，拥有天穹庐，地毡毯，天地之间有了你这一号，你这一号的环境有了天地的浑然与辽阔持重。天地的浑然与辽阔也就是你的浑然与辽阔；天地的负载与持重，也就是你的负载与持重。”

读万卷书，行万里路，通过纵览历史和横游自然，大到宇宙星系的分布，小到中子细胞的脉络，纵横则亿万光年，上下至文明极致，以此来了解和认识人类共同的生命家园。所有能走进的书店，都是我们的藏书房；所有能观赏的风景，都是我们的后花园。

人生天地之间，当参悟前人成败，顺应时代潮流

你是谁、从哪里来、要到哪里去、你到底要什么……人们认识任何事物，看待任何问题，评判任何纷争，都应该以前人的成败、师尊的教诲、亲友的劝告、书中的道理、自我的认知为参照系统，指导和规范自己的言行。

通过阅读大师和经典，参悟前人的成败得失，才能认清人类思想的高度和历史发展的方向，才能知道自己的差距和欠缺，方寸之间，才懂得取舍。

科学巨匠牛顿认为："如果说我比别人看得更远些，那是因为我站在了巨人的肩膀上。"人类先哲的伟大思想、民间流传的朴素谚语、师长亲朋的谆谆告诫，都包含着丰富的经验和深刻的道理，引领我们步入思想者、成功者和幸福者的殿堂。

余秋雨告诫年轻人："把自己当作独立的人。不要盲从已有结论，不要盲从既定规范，不要盲从官方思维，不要盲从传媒误导，不要盲从众口喧哗，不要盲从多数意见。只有独立的人格，才有自由的思想。"

只有在持续一生的学习、对照和思悟之中，确立清晰、正当的自我定位，凭借对人类历史、社会现实和真实自我的深刻把握，尽力挣脱与生俱来的价值限定和选择障碍，才能成就独特的、幸福的自我。

人生天地之间，当树立远大目标，成就幸福人生

生命从何而来，往何而去？生命的价值和意义又何在？有的人积极进取，有的人消极悲观；有的人发愤图强，有的人得过且过……苏格拉底说，"必须追求好的生活远过于生活"。人之所以为人，无论是作为人类整体还是作为个体，无论所处环境、生存资源或自身素质存在何种差异，也无论历史、文化与信仰有什么不同，是人就应该不断地超越传统和现状，去追求幸福的生活与感受，去成就独特的自我与人生。

每一个人真正的主人，都只能是他自己。人生立意高远，方能成就大业。唐太宗《帝范》卷四："取法于上，仅得为中，取法于中，故为其下。"燕雀安知鸿鹄之志，螳臂难挡疾驰之车。脚下有方向，眼中有目标，内心有力量，脚踏实地走自己的路。孟子说："得志，与民由之；不得志，独行其道。富贵不能淫，贫贱不能移，威武不能屈，此之谓大丈夫。"

让我们深怀一颗敬畏、悲悯与感恩之心，拒斥止步表象的肤浅，抛弃不求进取的言行，远离没有创新的重复；让我们向往通体浸润的审美，拥抱最高境界的体验，践行自由自在的超越。

高昂你的头颅，挺直你的腰杆，锐利你的目光，坚定你的脚步，站到太阳底下，去回归血性、凛然霸气、挥洒雄魂！让我们努力去做一个灵魂高洁、人性深邃、情趣高雅、心路旷达、思想犀利的人。

金庸先生在《神雕侠侣》第20回有如下描写：

郭靖对杨过道：我辈练功学武，所为何事？行侠仗义、济人困厄固然乃是本分，但这只是侠之小者。江湖上所以尊称我一声“郭大侠”，实因敬我为国为民、奋不顾身地助守襄阳。然我才力有限，不能为民解困，实在愧当“大侠”两字。你聪明智慧过我十倍，将来成就定然远胜于我，这是不消说的。只盼你心头牢牢记着“为国为民，侠之大者”这八个大字，日后名扬天下，成为受万民敬仰的真正大侠。

大风思猛士，大厦求良材。

生命本来没有名字，当我们完成“自设之义”的价值，再拥有“赋予之义”的荣光，逐步向“应有之义”的顶峰进发；当我们不仅仅自己幸福着，也竭尽所能去创造让家人、让他人、让更多的人日益幸福的条件，便可以说已破除“我执”，从小我走向了大我、走向了无我。

心底无私天地宽。深深地爱过一个人或者一个物，内心情感所建立起来的联系，便不再只是与这个人或这个物的，而且是与内心之外的整个人生和世界也建立了联系。深深地爱着这个民族、这个时代和这片热土，你的独特人生终将拥有无疆大爱与无上幸福！

后 记

让成长与成功相伴，让生命与幸福同行。

从阳澄湖到永兴，《幸福人生的七堂课》断断续续共历时8年。定稿之日，我把音响开到最大，连续多天聆听蔡志忠先生的天籁之音——《天道•浮生》，让自己浸润、沉醉在音乐的海洋里，任思绪飞扬、热泪双流。

本书在写作和出版过程中，得到过许多朋友的帮助，首先要感谢张福钦、钟祥麟、周家玉、王汉坤、雷和平、蔡伏三、黄百炼和史雪华等数十位师尊的教导，让我走上了学习与思考的道路。

感谢周超男、王宏、孙文华、袁志发、吕波涛、章方一、朱志刚等卓越企业家，先后邀请我出任多家企业的职业经理或经营高管，20年间我的足迹遍布30个省市、200余地市与600个县市。

感谢欧阳欢、郑强、张文东、高志仁、杨波、李哲辉、曹增英、吕雪艳、黄朝曙、刘文丽、施明、肖振军和陈贡成等朋友，或头脑风暴，或指正错误，或提供案例；感谢刘卓、刘源、刘勇、刘鑫、田可武、田琳、庄浩、刘婧、诸葛德隆和刘俊铭等青年才俊，辛勤为本书查找、录入、核对资料。

感谢父母的养育之恩和家人的扶携之情。

人的一生，于外在客观世界、内在心灵世界、直接经验世界、间接经验世界之间，起承转换、交叉重叠，相互作用、动态平衡。拥有了强大的内在心灵世界与丰厚的间接经验世界，虽然看山还是山，却早已此山非彼山。

超越生活的表象，蒸馏人性的水分，就可以回归生命的本质。那一片片红叶已经飘逝，那一站站旅途已成往事，那一声声叮咛犹在耳畔，那一个个身影渐渐模糊……种种心灵的震颤与激奋，当由自己负责安置在离灵魂最近的地方，任时光冲刷，任岁月浸渍，任苦难打磨，任幸福滋润。

感谢并祝福每一位读者！